U0351410

孟秋宇 著

葡萄酒的感观体验

面向快乐

岭南美术出版社

中国·广州

图书在版编目（CIP）数据

面向快乐：葡萄酒的感观体验/孟秋宇著.—广州：
岭南美术出版社，2018.5
ISBN 978-7-5362-6433-5

Ⅰ.①面… Ⅱ.①孟… Ⅲ.①葡萄酒—介绍—世界
Ⅳ.① TS262.6

中国版本图书馆 CIP 数据核字 (2017) 第 326589 号

出 版 人：李健军
责任编辑：刘　音
责任技编：罗文轩

装帧设计：沈格非

面向快乐 葡萄酒的感观体验

MIANXIANG KUAILE　PUTAOJIU DE GANGUANTIYAN

出版、总发行：岭南美术出版社（网址：www.lnysw.net）
　　　　　　　（广州市文德北路 170 号 3 楼 邮编：510045）
经　　　销：全国新华书店
印　　　刷：广州市天盛印刷有限公司
版　　　次：2018 年 5 月第 1 版
　　　　　　2018 年 5 月第 1 次印刷
开　　　本：889mm×1194mm　1/32
印　　　张：8.5
印　　　数：1—2000 册
ISBN 978-7-5362-6433-5

定　　　价：48.00 元

▌序 言▐

　　收到秋宇的新书，先不说内容，单说流畅的行文，就让我不忍释卷。一口气读完，感慨良多，不禁回忆起与秋宇交往的点点滴滴。

　　2012年，在我的好友著名摄影家任丰先生引见下，我结识了秋宇，当时他已是摄影圈内小有名气的摄影师了。但对葡萄酒来说，他还是刚刚产生兴趣的爱好者。因为他想跟我系统学习葡萄酒品鉴，我就给包括秋宇在内的几个朋友开了小灶，每周日下午我在办公室给他们讲课培训，课后大家聚餐饮酒。课上学习理论，课后强化对葡萄酒的体会，又能实践餐酒搭配。这样的学习形式持续了大半年时间，当时我就看出秋宇在葡萄酒品鉴方面的灵性，他对葡萄酒的认识突飞猛进，短短的时间就赶上甚至超越了很多从业多年的专业人员。

　　交往以来，他爱阅读、爱学习、爱刨根问底的习惯给我留下了深刻印象。无论是学习还是做事，他既能持之以恒，又能找对方法。举两个例子，一是在 2010年他用半年时间把抽了 15年的烟戒掉，从此不再复吸；二是 2016年他用 3个月时间减肥 20斤，体脂率从 25%降至 15%，而且至今没有反弹。戒烟与减肥，任何一项对绝大多数人来说都是世纪难题，但秋宇两个都做到了，这不得了啊！究其原因，不只是因为他有强大的意志力，更因为他有强大的逻辑思维能力，无论哪个领域，只要他认真去做，就能摸索、总结出来一套行之有效的方法。

从本书的写作中也可以看出秋宇的逻辑思维能力，书中阐述的观点都有理有据，并有科学的分析。有些观点也许过于新颖，可能受到质疑，但也都能自圆其说。本书抛开专家的角度，以一个葡萄酒饮酒者的视角，书的内容层层推进，抽丝剥茧，从遇见葡萄酒、认识葡萄酒、服侍葡萄酒、品尝葡萄酒，到最后享受葡萄酒，这正如人生历程一般，见面认识、了解交流、服务照顾、体验生活，再到享受人生。这种写作方式有很强的带入感，把读者带入饮酒者的角色，顺着作者预设的内容脉络一气呵成，对葡萄酒品尝涉及的知识就有了融会贯通的理解。

本书既适合初入葡萄酒世界的爱好者，也可供专业人士阅读。因为虽然编写的着眼点是消费者、爱好者，但书中葡萄酒品鉴的方法和体系都打破了条条框框的限制，阐释所用的论据、引用的例子、分析的思路也非常值得专业人员学习参考。

当然，书中一些观点、理论可能会引起争论，但这丝毫不会影响读者的阅读体验。理不辩不明，事不鉴不清，等更多的读者阅读之后与作者对话、交流，对其中一些话题进行更深入的探讨，推动大家加深对葡萄酒的理解和认识，这可能是本书出版的最大意义之所在。

　　"面向快乐"是这本书的编写宗旨，所有的分析、所有的选择、所有的体验，最后都回归于葡萄酒给我们带来的快乐，这也是我们饮用葡萄酒的终极目的。

　　感谢秋宇这位真正热爱葡萄酒，又愿意为此辛勤笔耕劳作的人，为我们呈现了这样一本价值极高的葡萄酒品鉴书籍。希望他的生活也能面向快乐、走进快乐、拥有快乐，也期待他的下本书能够早日付梓。

曾微

2017年12月

● 自 序 ●

　　刚开始接触葡萄酒时，我和很多人一样都是盲目地喝，但不久我就发现，葡萄酒除了喝之外还需要学习，而学习的主要方式就是阅读。葡萄酒是一种最为复杂的饮料，产区、品种的体系复杂；风味、香气的结构复杂；品尝、饮用的方法复杂。除此之外，葡萄酒对于人类来说还有心理、文化等多方面的影响，这就更为复杂。如果单纯靠喝，是难以理清葡萄酒世界之中的各种脉络关系的，是难以搭建必要的知识框架的。葡萄酒本身就有理性与感性的双重特征，学习葡萄酒也需要阅读和饮用两种手段。阅读可以起到事半功倍的作用，好的葡萄酒书籍是帮助我们打开葡萄酒世界大门的钥匙。

　　其实我现在不应该写葡萄酒方面的书，因为在葡萄酒的圈子里，我的个人资历尚浅。但资历浅时写作反而有一个好处，就是容易发现一些初学者极为困惑而专家前辈则认为理所当然、无需解释的"简单"问题，本书中对这些问题进行了详细的讨论和解释，能够让初学的读者知其言，亦能知其所以言。如果我在葡萄酒的行业里时间长了，可能也会轻视这些问题。正因如此，我才在这么一个本不应该发表见解的时候匆匆忙忙写了这么一本小书，和大家分享一些我在葡萄酒品尝方面的心得，见解浅薄，仅供葡萄酒爱好者参考。另外，本人才疏学浅，书中难免有疏漏与错误，还请大家不吝赐教。

　　在此，对引领我进入葡萄酒世界的曾微老师、亲自为本书进行装帧设计并绘制插图的沈格非老师，及在本书写作、出版过程中给予我大力支持的亲友们表示由衷的感谢！

2017年7月于沈阳

● 引 言 ●

准确地说，本书不是单纯讲解葡萄酒知识的书，而是讲解如何享用葡萄酒、提升葡萄酒品鉴修养及能力的书。

市面上有关葡萄酒的书籍不少，但大多数都在重点讲述葡萄酒的种植、酿造、品种和产区的特征等基础资料性知识上，而针对如何品尝葡萄酒等知识内容的讲解则所占篇幅甚少，在一本书里往往只有区区数百字。很多读者看过几本葡萄酒方面的书，能够知道赤霞珠、霞多丽等品种的特征，知道波尔多、纳帕谷等产区的特点，但面对众多的葡萄酒应当如何加以品鉴时依旧难得其要领。

本书对葡萄酒的品种和产区特征这些资料性内容作了综述性简介，侧重于讲解如何品鉴种类众多而各具特色的葡萄酒，尤其对品尝葡萄酒的步骤、方法进行了全面且细致的解析，并对相关的一些原理也作了深入阐述。同时，书中对如何选择酒杯、饮酒的温度、饮酒的顺序以及醒酒、陈年、餐酒搭配等读者十分关注的、与品尝葡萄酒密切相关的问题提出了有所助益的解答。

本书的重点不单在于讲解品尝葡萄酒的方式和方法上，更重要的是表达享用葡萄酒应有的态度。饮用葡萄酒，不是为了健康，不是为了时尚，纯粹只为了快乐。快乐——是葡萄酒能起到的唯一作用，也是我们饮酒时追求的唯一目标。

希望广大读者在阅读本书之后，能够正确对待每一杯葡萄酒：面向快乐，充分享受葡萄酒带来的感观体验！

目 录

1

遇见葡萄酒

·首先，什么是酒？

酒是含有酒精的饮料，但通常只有酒精含量达到 0.5% 以上的才能被称为酒。天然的果汁饮料因为发酵会产生酒精，调制的饮料因为作为香精或色素的溶剂也含有酒精，但这些酒精含量极低的饮料不能称为酒。

·什么是葡萄酒？

葡萄酒是由破碎或未破碎的新鲜葡萄果实或葡萄汁经酒精发酵而制成的酒精度不低于 7.0% 的饮料。

— 为什么是葡萄酒 —

　　所有的酒都是通过酵母菌分解糖分，也就是"酒精发酵"酿造出来的。也正因人类很早之前就发现并利用了"酒精发酵"现象，我们才能享用到品种多样的美酒。并且，随着时代的变迁和技术的进步，酒的品质越来越高，种类也越来越多。

　　世界上可以用来酿酒的原料种类繁多，常见的原料主要有水果类的，如苹果、葡萄、樱桃等；谷物类的，如麦子、高粱、玉米等；还有甘蔗、红薯、马铃薯、龙舌兰、蜂蜜、牛奶等。白兰地通常是采用葡萄、苹果等水果酿造；威士忌采用大麦、小麦、燕麦和玉米等谷物酿造；朗姆酒采用甘蔗压榨出来的甘蔗汁或制糖工业的副产品糖蜜酿造；龙舌兰酒采用蓝色龙舌兰草的鳞茎酿造；伏特加则可采用谷物、水果等种类众多的原料酿造。

在如此多样的原料酿造的酒之中，以麦芽为主要原料酿造的啤酒和以葡萄为原料酿造的葡萄酒是目前世界上销售量最大的两种酒。虽然葡萄酒的销量一直在啤酒之下，但在以水果为原料的酒中，葡萄酒一直是销量最大，也最具有代表性的。国际葡萄与葡萄酒组织（OIV）公布的重要报告显示，2015年全球葡萄园面积已经增至753.4万公顷；全球的葡萄酒产量比2014年增加了5.8亿升，达到274.4亿升；从总体上看，葡萄酒消费量在全世界已经趋于稳定，但在中国等新兴的葡萄酒消费国则逐年增长。由此可见，葡萄酒可以当之无愧地被称为"水果酒之王"。

· 葡萄酒有久远的历史和丰富的文化内涵

葡萄酒之所以有现今这种重要的地位，是人类在漫长的历史发展中做出的选择。所有的酒和人类历史的发展都有密切的关系，都与人类的艺术、文化和宗教有着或多或少的联系。但其中历史记录最多、文化含义最深厚和宗教意义最重要的就非葡萄酒莫属了。

葡萄酒的颜色（开始时都是红葡萄酒）是其能得以广泛发展的原因之一。本来葡萄的颗粒在成熟后就会逐渐腐烂或者干枯，但经由采摘、压榨、发酵等工艺处理后则变成鲜红如血的液体，是葡萄的复活。所以人类在很久以前就开始赋予了葡萄酒很多如"血液""生命""复活"等象征意义。

葡萄酒的酿造起源于七千四百年前的高加索地区，而后向周围地区传播。在六千年前到四千年前传播至美索不达米亚和古埃及。创造出美索不达米亚文明的苏美尔人认为神用葡萄酒——神的血液和黏土创造了人类，葡萄酒是血液，让黏土捏出来的肉体有了生命和活力。在古埃及的神话传说中，天空女神哈托尔贪食人血，太阳神为保护人们免于她的侵害，而创造了如血一样颜色的葡萄酒代替人类的血液。基督教把葡萄酒当作"耶稣的圣血"，葡萄酒的采摘、压榨和发酵代表着耶稣受难、死亡与复活的过程。代表耶稣圣体的面包、代表耶稣圣血的葡萄酒都是宗教仪式中不可缺少的圣物，于是修道院大力酿造葡萄酒。之后，葡萄酒随着宗教在全球的传播而传播到世界各地。如果对照基督教和葡萄酒在世界上传播的路线图和时间表，我们不难发现其中有着惊人的重合之处。

有人说大航海时代造就了葡萄酒在全球的传播，其实不如说是葡萄酒支撑了大航海时代。因为在大航海时代，葡萄酒取代了原来的饮用水，不仅为船员提供了清洁的饮水来源，也缓解了长期远洋航行的食物匮乏，调节了生活的乐趣。当然，大航海时代对葡萄酒的传播亦有着巨大的作用，但其传播的不是葡萄酒本身，而是葡萄酒的饮酒文化，其促进了葡萄酒饮酒文化在世界上的蔓延。

这些历史故事和神话传说可能有不实或夸大其词之处，但无论是事实还是传说，都赋予了葡萄酒无比深厚的文化意义，促进了葡萄酒在世界上的普及，让葡萄酒变成了最有故事的饮品。当然，除了这些时间久远的故事，在葡萄酒和人类发展的过程中，葡萄酒的文化随着时间的推进也在不断地丰富。有文人雅士的传闻逸事、名人明星的花边新闻，也不乏重大的历史事件。除了葡萄酒业的整体发展，每个酒庄、每个品牌也有着悠久而丰富的历史背景。比如我们熟知的拉菲古堡，最早的史料记载可以追溯到公元 1234 年，那是中国的南宋端平元年，如此悠久的历史，没有故事是不可能的。时至今日与葡萄酒有关的故事，无论是关于酒本身的，还是关于酒庄、庄主、酿酒师的，以及历史名人的，真是让人讲也讲不完，而这也是很多饮酒者津津乐道的，亦是葡萄酒的魅力源泉之一。

·葡萄酒一直被视为健康的饮品

从古至今，葡萄酒一直被当作最为健康的饮品。人们普遍认为适量饮用葡萄酒有益健康，这种观点在民间传说、媒体宣传甚至在专业的书籍里都被广为认可。毫不夸张地说，目前国内很多消费者是把葡萄酒当作延年益寿的保健品甚至是药品来饮用的。虽然本书对饮用葡萄酒有利健康的观点持部分否定态度，但这种广为流传的观点确实对葡萄酒的发展和普及起到了巨大的推动作用。

如果非要跟健康沾点边、拉上关系的话，只能说葡萄酒是所有酒类里"相对比较健康"的酒。首先与烈酒相比，因为葡萄酒的酒精含量一般都在 10%~15% 左右，远比烈酒动辄就 40% 左右的酒精含量低，自然算是相对健康的酒类了；其次与啤酒相比，啤酒的营养成分远多于葡萄酒，这在大部分人营养过剩的时代反而成为一种"缺点"，单从控制体重的角度来说，葡萄酒是比啤酒更健康的。

为健康饮用葡萄酒是没有意义的，如果单纯考虑身体健康问题，最佳的策略是不饮用任何一种酒。不过，这种说法单纯基于酒精对人类身体的作用，若是考虑葡萄酒对人们健康饮食、愉悦心情等作用间接对健康的影响，那就另当别论了。

·葡萄酒可以给人最丰富的感官享受

葡萄酒是用来喝的酒，但葡萄酒并不仅仅可以用来喝，它可以用看、闻、尝、听四种感官来综合享受。葡萄酒丰富多彩的颜色或者冉冉升起的气泡会带给人美妙的视觉感受；葡萄酒里千姿百态的花香、果香撩动着人的嗅觉细胞；葡萄酒里的甜、酸、单宁和酒精组合成了复杂而奇妙的口感；葡萄酒碰杯时水晶杯发出的清脆声音让人乐意去聆听。葡萄酒带给人类的综合而丰富的感观享受是其他酒类无可比拟的。

此外，葡萄酒是所有酒类，甚至饮料中品种最为多样复杂的。全球的葡萄酒生产商不计其数，单单在法国的波尔多地区就有1200家葡萄酒生产单位。世界上有60多个国家成规模地生产葡萄酒，其中很多国家又有各自不同的葡萄酒产区，每个产区都生产不同风格的葡萄酒。全世界的葡萄酒品种超过 10000 个，其中种植面积超过 20000 公顷的葡萄酿酒品种有 50 多个。而葡萄酒的风格特征非常容易受品种、产区、不同生产商的酿造工艺影响，它们不同的因素组合，以至世界上存在品牌、风格、口味不计其数的葡萄酒。单单从价格来说，葡萄酒有十元一瓶的，也有十万元一瓶的；有平民百姓可日常消费的廉价酒，也有可以收藏拍卖的稀世珍品。

此外，不同的酿酒师、不同的年份、不同的陈年条件等各自赋予了葡萄酒不同的风味特征，可以说世界上没有两瓶完全相同的葡萄酒。葡萄酒的品种如此丰富，但萝卜青菜各有所爱，每一款都有其存在的理由，每一个人都可以从纷繁复杂的葡萄酒世界中寻找属于自己的那一瓶"真爱"，虽然过程会很艰难，但这个过程就是美好的体验。多样性让葡萄酒别具无穷的魅力。

·葡萄酒是人类可以低成本获得的酒

　　酿酒的葡萄大多种植在土壤贫瘠、地势不平整、不容易耕种粮食和蔬菜的土地上，它不会和其他作物争夺肥沃的土地。在大多数的文明当中，都是将那些不适合耕种粮食的土地用来种植葡萄的。

　　与大多数作物不同的是，葡萄对土壤的结构并不挑剔。几乎所有类型的土质结构，无论是石灰、沙砾、黏土等，都能种植出品质优良的葡萄，酿造出品质优良的葡萄酒，只不过是风格不同而已。土壤本身的属性和成分只能影响葡萄酒的风格，最终决定葡萄能否成长、成熟的是土壤的气候条件，也就是土壤的温度和含水量。而且，葡萄树对水的要求也并不高，每年200~400毫米的降雨量就能满足葡萄树的生长需求。

　　在当今这个尚未实现全人类共同富裕，还有

人群处于温饱边缘的时代，葡萄酒这种不与粮食
争地的特质，无论如何都是一种优势。

－ 为什么饮用葡萄酒 －

　　我们已经知道因为历史文化、健康纯净和丰
富多彩等原因让葡萄酒具有了无穷的魅力，诱使
人们去饮用它、去享受它。但葡萄酒对于人们的日
常生活到底具有什么样的意义，人们为什么饮用
葡萄酒呢? 研究葡萄酒对于社会、家庭和个人的

价值，对我们树立科学、健康的饮酒观具有重要的意义。

·饮酒不能使健康获益

很多人相信适量饮酒有利于人体健康，主流的观点认为适量饮酒可以降低心脑血管疾病的发病率；还有的人认为适量饮酒可以降低老年痴呆症、骨质疏松症和 2 型糖尿病的发病率。这些观点有一定的科学研究支持，但这些研究只是流行病学调查，而流行病学调查只是对现象的发现和总结，只能提供假说，不能下确认的结论。比如耶鲁大学 2010 年在《癌症生存期刊》发表了一项研究结论，研究的是饮用葡萄酒与非霍奇金淋巴瘤患者的生存率的关系，在这项长期跟踪 575 名非霍奇金淋巴瘤患者的调查中发现：其中饮用葡萄酒的患者 5 年生存率是 75%，而不饮用葡萄酒患者的 5 年生存率是 69%。研究貌似得到了葡萄酒抗癌的结论，然而这是一项证明力度非常小的流行病学调查结果，一是因为 575 名患者的样本数量太小；二是 75% 和 69% 的差别不大；三是调查的数据分析中未纳入患者社会经济条件的差异。而社会经济条件的差异不同，患者会有不同的日常生活习惯和医疗条件的差异，其中医疗条件的差异对患者生存率的影响远比其他因素更大。那些类似互联网上广泛流传的《美国正式确认红酒抗癌》之类的文章纯属夸大其词，但是因为有利益相关者的乐于炒作，所以才广为流传。

当然，且不说这些抽象的研究数据，在日常生活中我们也会发现经常适量饮酒的人健康状况良好，其中也不乏长寿者。但这些人适量饮酒与健康状况良好只有现象的联系，并没有必然的因果关系。一般来说，能保持适量饮酒的人经济条件和生活习惯都比较好，与其说他们的健康是饮酒带来的益处，更可信的是良好的医疗保障和生活习惯带来的结果。能长期饮酒，而又能保持克制的人，一定是自制力非常强的人，他们的生活习惯一定有很多利于健康的因素，健康是全部因素的结果，而非单指饮酒。

迄今为止，就算适量饮酒，也没有确凿的证据证明对健康有什么好处；然而，过量饮酒对健康的危害却是千真万确的。所以，不要相信"饮酒能保健"的说法，更没必要为了健康而饮酒。

· 饮酒不能解渴

虽然在历史上葡萄酒曾经被用来为不清洁的饮用水消毒，但是葡萄酒却无法替代水的角色。成年人体内的含水量占体液的 60%，人对水的需求仅次于氧气，如果不摄入蛋白质或糖类人还能存活一段时间，但不喝水却只能活几天。葡萄酒的含水量在 80% 以上，可以说是以水为主的一种饮品，但葡萄酒却不能当作人体水分的来源。因为酒精会让人体细胞脱水，而葡萄酒的酒精含量大多在 10% 以上，这样的酒精含量让人越喝越渴，用葡萄酒来解渴无异于火上浇油。虽然说这可能是一个简单到无须专门阐述的道理，但让大家明确认识到这一点，人不是为了解渴而喝葡萄酒，会把饮酒这件事上升到更高的需求层面。

· 饮酒不能提供营养

葡萄酒的主要成分是水和酒精，除了甜酒之

外，水和酒精含量在 90% 以上。虽然葡萄酒中确实含有多种维生素、蛋白质、酸、糖等营养成分，但也仅仅是种类多而已，每种营养成分的含量则微乎其微。抛开剂量谈毒性不科学，同样抛开含量谈营养也不科学。如果靠葡萄酒来满足人类日常的营养需求的话，真不知道人一天之内能不能喝得下去那么大容量的葡萄酒，就算喝得下去，酒精也会让人中毒了。

谈到热量，酒精确实热量高达 7kcal/g，甚至高于糖的 4 kcal/g。所以很多传说，饮酒是发胖的原因之一，不管什么酒都会让人发胖。实际上不是这样，饮酒后肝脏需要大量的能量才能分解酒精，对人体来说，分解酒精消耗的能量远远大于摄入酒精的能量。因此，酒精只是消耗人体的热量的"负营养"食物，饮酒不会补充人体的热量，更加不会导致人发胖。饮酒的人之所以发胖一是饮酒时食用了大量的食物导致热量摄入过多; 二是久坐缺乏运动的生活习惯导致热量消耗过少, 发胖的黑锅真的不能让酒精来背。同样的道理, 饮酒驱寒也只能在少量饮酒促进血液循环的情况下有效, 如果不以食物相配, 只能越喝越冷。

当然如果是甜酒的话, 糖会为人体提供有效的热量。但因为其他营养成分的含量低, 甜酒是低营养密度的食物, 并不是优质的热量来源。

谈到这里, 我们就知道了人没必要为健康、为解渴、为营养而饮用葡萄酒。把饮酒与人的生理需求分离开来, 才能正确认识葡萄酒的作用, 才能更好地享用葡萄酒。

· 葡萄酒是佐餐饮品

在实际生活中葡萄酒虽然不能为我们提供水

分、营养和热量，但它属于餐桌上的饮食之一，只不过在餐桌上一般只充当配角，葡萄酒是佐餐饮品。我们不是为了满足生理上的需要而饮用葡萄酒，而是出于对饮食享乐的追求而饮用葡萄酒。历史上，葡萄酒扮演了许多重要的角色，但无论如何，在西方社会，它从来没有在餐桌上缺席过，很多欧洲家庭的餐桌上从来都少不了葡萄酒。葡萄酒是日常生活饮食的一部分，是传统和习惯，是人们热爱生活的反映，而不是奢侈和时尚的象征。

在中国，葡萄酒在生活中的这种角色，与西方有所不同。虽然很多专家学者称中国从汉武帝时期就开始酿造葡萄酒，但并没有确凿的证据，依据往往是"葡萄美酒夜光杯，欲饮琵琶马上催"这样的诗句，证明力非常之薄弱。即便葡萄酒何时在中国出现是个可以争议的事实，但葡萄酒在中国没能得到持续的发展却是无可争议的。现代中国葡萄酒的发展起始于 1892 年张弼士建立的张裕葡萄酿酒公司，虽然这样算来，中国的葡萄产业至今历经了一百余年，但一直不成气候。时至今日，葡萄酒也才刚刚开始进入很少一部分中国家庭的日常生活，才在餐桌上占有一席之地。

无论葡萄酒在中国是根本就没有得以发展，还是说有历史断层，即使目前我们也有很多的国产葡萄酒，但葡萄酒对中国人来说还是个舶来品，饮用葡萄酒象征着一种西方的生活方式；加之前些年葡萄酒在中国因为商业的因素，一直被过度神秘化和贵族化，导致很多人还把葡萄酒当作富裕和权力的象征，至少是潮流和时尚的象征，把葡萄酒当作奢侈品，甚至当作药品、保健品，就是很少当作饮食的一部分。其实认为葡萄酒是舶来品没错，至少葡萄酒文化肯定是舶来品，既然如此，我们就应该学习和借鉴传统的、悠久的西方葡萄酒文化，把葡萄酒从摆满了贵重收藏品的柜子上拿下来，从放满了五花八门的保健品的盒子里拿出来，把它放在最适合它的位置上，那就是餐桌。

葡萄酒佐餐有三个主要的作用：软化食物、清洁口腔和提升口味。我们在进餐的时候，通常都会喝点什么，汤、茶或酒等，如果不喝这些东西，那人们一定会选择汤汁丰富的菜肴。因为一定要在水分的作用下，把坚硬的固体食物浸软、把浓稠的酱汁稀释，食物才能顺利地通过喉咙和食道而吞咽下去。这样，要么食物本身含有足够的水分，要么口腔里始终保持足够的水分，所以人们习惯以饮品佐餐。当我们以葡萄酒佐餐时，葡萄酒同样也会起到软化食物的作用。

葡萄酒佐餐时对口腔的清洁作用表现在两方面：一是清除上一口的食物残渣，让口腔保持一种舒服的状态；二是清除上一口食物留下的味道或感觉，让口腔恢复正常，以便品尝下一口食物的本来的味道。人们在吃了咸和辣的食物之后都习惯喝一口酒，就是这个原因。这个原理最常见的体现是在对下酒菜的选择上，下酒菜通常要满足两个条件：一是味道够重，让人吃一口就想喝一口；二是体积够少，既可以避免很快吃饱，又可以节省食物，供得上长时间的吃食。葡萄酒清洁口腔的作用要强于清水和茶，因为它对味蕾的舒缓作用，对异味和油脂的清除作用要强于清水和茶。

葡萄酒佐餐时可以提升口味，既可以提升食物的口味，同时也可以提升葡萄酒的口味。如果说烈酒和啤酒在佐餐时软化食物和清洁口腔的作用不弱于葡萄酒的话，那么在互相提升口味上葡萄酒绝对处于上风，是食物的最好搭配，甚至毫不夸张地说，这才是我们选择日常饮用葡萄酒的最根本原因。葡萄酒里的多变单宁、清爽的酸度以及丰富的香气都能与食物互相衬托、协调，把用餐和饮酒的体验上升到极致。对热爱葡萄酒的人来说，美食以美酒相伴，如果缺了美酒就不存在真正的美食。就算那些所谓顶级的、昂贵的葡萄酒用来佐餐，也绝不会委屈了它的身份、降低了它的身价。

餐酒搭配是饮用葡萄酒中最多变、最有趣味性的体验，这在本书后面的章节还有更详细的论述。

·葡萄酒可以单独品尝

除了佐餐之外，丰富多变的风味表现也值得人们单独对葡萄酒进行品尝。那些优秀的葡萄酒，在独立进行品尝时也能让人享受到美妙的滋味，给感官带来无穷的享受。另外，细心品尝时用风味感受结合自己的饮酒经验、葡萄酒专业知识，对葡萄酒的产区、年份等身世来源进行推测和判断；对葡萄酒的风味特征与酿造工艺、风土特征等因素进行分析和鉴别；甚至，业余的葡萄酒爱好者也可以像专业人员那样为葡萄酒进行评分和比赛，也是一项非常大的乐趣。这对饮酒者有一定的经验和知识的要求，也并不是日常生活中人人都能做到的。然而也无须人人都能达到比较专业的品鉴能力，我们在饮用葡萄酒时，可以和啤酒、白酒一样举杯就喝，也可以慢品细酌。只不过，如果我们多学习和了解一些葡萄酒的品尝知识和技巧，就算在日常的餐饮之中，也会得到更多的享受，也会有更多的受益，这也正是本书撰写的初衷。

· **葡萄酒能给人带来精神享受**

酒精是葡萄酒的灵魂，人类最初将发酵的水果或谷物用于酿造的初衷不是为了长期保存食物，也不是为了获得美妙的味道，其实是为了获得饮酒之后飘飘欲仙的感觉，也许这才是人类开始饮酒的根本原因。在原始社会，酒精能带来欣快感甚至致幻的作用，使酒被赋予了神秘的色彩，成为很多宗教仪式的必需品。就算发展到今天，没有哪种仪式再用葡萄酒来狂饮大醉，但葡萄酒一直保留着一定的宗教功能。随着文明的发展，葡萄酒文明，或者说饮酒文明也逐渐形成并发展起来，人类饮酒越来越趋于理性，但葡萄酒能激发灵感，让人心情舒畅、妙语连珠，因此在社交中占据了重要的地位。这种情况一直延续到现在，葡萄酒仍然是人际交往的催化剂和情感的润滑剂。

当然，葡萄酒给人带来的精神享受不完全是酒精的作用，葡萄酒的色、香、味及相关的历史文化等因素也给人带来最为丰富的精神享受，这也正是葡萄酒区别于其他酒类的重要原因所在。

2

▌认识葡萄酒

葡萄酒杯里有一个博大的世界，是香气的花果园，是文化和历史的容器。葡萄酒可以细品慢饮，也可以大口干杯，但无论如何，都没有任何其他饮料可以像葡萄酒这样丰富多彩，带给我们无尽的乐趣。每一次品尝葡萄酒，都是一次感官和精神的双重盛宴。

- 什么是好葡萄酒 -

到底什么是好酒，这是初学者经常提出的问题，但这并不是一个简单的问题，因为这也是葡萄酒专家们经常思考和研究的问题。酿酒师要知道什么是好酒，才能酿造出世人认可的佳酿；品评家要知道什么是好酒，才能公正客观地对葡萄酒做出评价；侍酒师要知道什么是好酒，才能更好地为客人服务；普通的饮酒者要知道什么是好酒，才能懂得如何选择葡萄酒，如何欣赏葡萄酒。

同是波尔多（Bordeaux）产区的葡萄酒，价格可能相差上百倍；同是赤霞珠（Cabernet Franc）酿造的酒，口味差别却很大；甚至，同一个产区又是同一个葡萄品种酿造的酒，价格和口味也会有天壤之别。到底什么是好酒，有的人说好喝的酒就是好酒，这话听起来好像没有实在意义，但其实也道出了可以排除品牌、价格、产区、品种等因素的影响，好喝的酒就是好酒这么一个简单而又朴实的道理。那么，问题又来了，什么是好喝的酒呢?

好喝与否，问题不仅在于酒，也在于喝酒的人，是酒的品质与人的口味碰撞的结果。而且好喝与否，也与时空条件有关，在不同的时间与空间对于同一款酒好喝与否可能会得出截然不同的判断。喝与吃一样，萝卜咸菜各有所爱，是很主观的东西，往往是饮酒者的口味水平决定了他饮用葡萄酒的品质水平。但是，对葡萄酒品质的评判还是应该有较为客观的、放之四海皆准的标准，个人的口味标准应该都涵盖在这个标准之下。

好葡萄酒要健康纯净。葡萄酒也是一种食品，所以好的葡萄酒一定要符合食品安全的各种条件，要符合卫生标准。葡萄酒和所有食品一样，可能含有影响人体健康的成分。这些成分有些是自然产生的，如甲醇等；有些成分是人工添加的，如二氧化硫等。但无论来源如何，这些成分的含量一定是在法规的限量之内，一定是微乎其微的，并不会对人的健康造成影响。另外，葡萄酒也和所有食品一样，可能发生腐败变质的情况。腐败变质，可能是因为保管条件造成的，也可能是生产工艺的缺陷造成的，好的葡萄酒无论如何都不能含有致病、影响口味的细菌和化学成分。

好葡萄酒要均衡。好的葡萄酒甜、酸、单宁、酒精、香气之间要互相平衡、互相衬托，如果有任何一方过于突兀或明显，都会对酒的风味造成不好的影响。

好的葡萄酒要有一定的浓缩度。浓缩度也可以称为浓郁度，虽然浓缩度高的葡萄酒并不一定是好酒，但葡萄酒的浓缩度要有一个基本的底线，如果低于这个底线的酒质量通常不会太高。在这个底线之上，浓缩度更高并不一定是品质更好的表现，浓缩度过高的葡萄酒通常来说容易出现不平衡的问题。

好的葡萄酒要有代表性。好的葡萄酒一定不是没有特色的平庸之辈，它不仅能反映出酿造这款酒所使用的葡萄品种的特征，还有不同的葡萄品种所具有的不同颜色、甜、酸、单宁、酒精和香气等，能表现出葡萄品种特征的酒应该是一款好酒。好的葡萄酒能反映产区的特征，不同的产区会给葡萄酒带来不同的风味，而且在不同的产区种植不同的葡萄品种和采取不同的酿造工艺是人们在长期的实践中摸索和总结出来的智慧结晶，是葡萄酒的重要的美妙之处所在，能反映出产区综合自然条件和人文传统的风土特征的，一定不会是差酒。

好的葡萄酒要层次丰富。葡萄酒层次丰富，也可以说葡萄酒具有复杂性。复杂性主要是指葡萄酒的香气复杂多样，可能是具有丰富的一类香气，也可能是同时具有一、二和三类的香气。复杂性还包括结构成分在口腔中的变化，复杂的葡萄酒在刚刚入口、在口腔停留及咽下三个阶段会有不同的结构感觉。此外，复杂性还包括那些适合醒酒透气的葡萄酒，在醒酒的不同阶段会有变化多端的表现特征，具备了这些正面的表现特征才能称得上是好酒。

上面几点就是好葡萄酒的客观标准，其中健康纯净应该是葡萄酒品质的最低限度。好酒不同于伟大的酒，好酒只是做工良好的工艺品，伟大的酒是艺术品，但后者一定包含在前者的范围之中。

虽然好葡萄酒有着这样那样的"客观标准"，但人类的感官存在个人差异，是否也应该存在着"主观标准"？人类感官的差异，既受基因的影响，也受后天生活习惯的影响。比如，有的人对苦味特别敏感，食物中有一点苦味物质就会感受出来，这很可能就是基因的问题，对苦味敏感的人更能躲过中毒的危险；不同的人对香气的辨别能力不同，这可能是生活习惯的原因，那些经常接触香水、香料，经常使用嗅觉的人对香气会更敏感，嗅觉的敏感性大多依赖于后天的锻炼。我们认为，即使人类的感官存在着差异，但差异并不至于大到无法确定葡萄酒品质的客观标准，因为人类的味觉和嗅觉感受有着更多的共同点和普遍性。否则，众多葡萄酒专家的研究成果就没有了意义，人类积累数千年的葡萄酒饮用经历和经验也没有了意义。但是，在客观标准的框架之内，可以发挥主观的因素，好不好是一回事，但喜欢不喜欢又是另外一回事。我们通过学习和品尝认识到了葡萄酒品质标准的客观性之后，才能在个人的感官享受中发挥主观性的意义。

– 品种与葡萄酒的品质 –

用哪个品种的葡萄酿造，对葡萄酒的风味会有关键性影响。全球有数千种葡萄，其中广为种植的葡萄品种多达数百种，但真正经常用来酿酒、会出现在酒标上的葡萄品种仅有几十种。就是这几十种葡萄品种，结合不同的酿造方式、产区特征等因素，造就了葡萄酒的无限多样性。不同的葡萄品种的差异性主要体现在成熟期、抗病虫害、产量和品质的不同。

从葡萄品种开始了解葡萄酒的品质比较简单明了，因为相对于产区地名和酒庄名称，饮酒者更容易记住葡萄品种的名称、更容易了解和辨识葡萄品种的特征。葡萄果实是联接天（气候）、地（土地）、人（饮酒者）的桥梁，葡萄酒的品质是葡萄品种与这三者共同创造出来的结果。直接用嘴品尝葡萄果实时，不同的葡萄品种有各自不同的口味特征，当这些葡萄果实在酿酒师的悉心照料下酿造成葡萄酒时，不同的葡萄品种也会发展出不同的风味特色。可以说，葡萄品种是葡萄酒原始香气和结构表现的决定性因素，特别是用单一葡萄品种酿造的，强调体现品种特征的"品种酒"。

葡萄酒能恰当地体现品种特征，酿酒师能把握和掌控葡萄果实的天然优势，这是衡量葡萄酒的品质的指标之一。不过，有时过分强调葡萄品种特征也并不见得是一件好事，过分强调葡萄品种特征，可能会把葡萄品种固有的缺陷也暴露出来，比如佳美娜（Carmenere）的生青味、长相思

（Sauvignon Blanc）的"猫尿味"等。另外，某些条件下葡萄的品种特征也没有必要作为主导的风味，当产区和酿造的优势更值得发挥时，这时强调品种特征就得不偿失。还有，有些葡萄品种特征本身不明显，随着风土条件和酿造方式的变化，同种葡萄的风味差异性会非常大，比如同样是霞多丽（Chardonney），在寒冷的夏布利（Chablis）与在温暖的美国纳帕谷（Napa Valley）会表现出截然不同的风味，这时强调葡萄品种的特征就无从谈起。

在当今"国际品种"广为流行的风潮下，保持葡萄品种的多样性应该值得鼓励。否则会让人们以为世界上似乎只有赤霞珠（Cabernet Sauvignon）、西拉（Syrah）、黑皮诺（Pinot Noir）霞多丽（Chardonney）、长相思（Sauvignon Blanc）这些原产于法国的葡萄品种。保持葡萄品种的多样性，一是要维护产区原有品种的继续发展；二是控制外来品种的种植面积；三是要将具地方特色的稀有品种发扬光大，比如南非的皮诺塔吉（Pinotage）、奥地利的维特利纳（Gruner Veltliner）等品种。

总体来说，葡萄酒的品质与品种的关系就像人的健康与基因的关系——人类无法摆脱强大的基因的控制，处处显露基因的力量，但后天的生活方式、医疗水平等对健康也有着举足轻重的作用。无论哪个葡萄品种都有缺点和不足，但无论哪个葡萄品种都可以酿造出近乎完美的葡萄酒，葡萄品种要展现出自身的优势，还得依赖于适合其生长的风土条件。饮酒者如果想深入了解葡萄酒，就必须了解每个葡萄品种的单宁、酸度、酒精度的高低强弱以及代表性香气等特征，以此为线索，在品尝中掌握葡萄酒的风味规律，是开启葡萄酒世界大门的一把钥匙。介绍葡萄品种特征的书籍有很多，相关知识本书不再赘述。

- 气候与葡萄酒的品质 -

　　葡萄树对自然环境的适应能力特别强，在地球上的种植分布非常广泛。从纬度上来讲，南起新西兰的中奥塔哥，北至瑞典的斯德哥尔摩；从海拔上来讲，从围海造田的低洼地区到海拔 2500~3000 米的山谷地带，都具备符合葡萄树种植与生长的气候条件。不过，能够生长和适合生长是两个不同的概念，要种植品质优良的酿酒葡萄还是需要有相应的气候条件。

　　寒冷的地区无法种植高品质的酿酒葡萄，因为气温过低，葡萄果实难以成熟，而且葡萄植株在冬季也容易冻死。热带地区也无法种植高品质的酿酒葡萄，因为炎热潮湿的气候容易让葡萄植株遭受病虫灾害，而且葡萄果实成熟过快，会寡淡无味。因此，世界上大部分的葡萄产区都位于南北纬 38 度到 53 度之间的温带。

气候条件对葡萄酒的风味有直接而巨大的影响。阳光、湿度和水分这三种气候因素，对葡萄酒的风味有着不同的影响。

阳光越充足，葡萄的叶片通过光合作用能合成更多的营养供植株和果实成长，葡萄果实的成熟度高，糖、单宁和其他风味物质的含量也会越高，酿造的葡萄酒风味就更浓郁。但葡萄树其实并不需要太强的阳光，在稍弱的日照条件下，反而更容易酿造出均衡的葡萄酒。如果阳光过于强烈，还可能晒伤葡萄果实，果实的皮上出现黑斑，酿造的酒中也因此会出现不愉悦的味道。如果阳光过于稀缺，葡萄果实的成熟度就会比较低，酿造出来的酒单宁生涩，酒精度低，也会有生青的不成熟风味。

温度是葡萄树比较挑剔的一个气候条件，不同的葡萄品种在生长期内需要不同的温度条件。比如歌海娜（Grenache）喜欢炎热的气候，而雷司令（Riesling）则可以在凉爽的地区成长。相比其他条件，为某一地区选择适合的葡萄品种时，温度是最重要的参考条件。在葡萄树生长的不同阶段，温度有着不同的影响。在萌芽期，如果温度较低，葡萄发芽晚，生长期就会缩短，果实可能无法完全成熟。在开花或坐果期，如果温度较低，可能会导致减产。在成熟期，如果温度较低，葡萄果实里的糖分会不足而酸度会增加。用温度较低的条件下生长的葡萄果实酿造出来的酒会比较生涩，而且会有明显的植物味道。反之，在温暖的气候条件下，酿造出来的酒单宁成熟，不会生涩，酒精度偏高，酸度低，色素较多，口感饱满圆润。相比之下，白葡萄品种比红葡萄品种更能适应凉爽的气候条件，因为它们不需要单宁的熟化，而且还需要保留较高的酸度。

　　水分对葡萄的影响也比较复杂，从降水量和降水时机两个方面对葡萄树的生长产生影响。葡萄树是耐旱的植物，在生长出一定数量的叶片之后，适当地保持缺水状态，能够使植株的营养资源分配从新的枝叶生长转移到果实成熟上来，反而有利于果实的成熟。不合时宜的降水会影响葡萄植株开花和坐果，减少产量。生长期多雨潮湿的环境也会增加真菌感染的可能性。成熟期大量降水不仅会使葡萄果实膨胀，风味物质被稀释，甚至会使果实膨胀至开裂、腐烂。

　　不同气候类型下的葡萄酒产区，葡萄酒的风味特征有一定的规律可循。在地中海气候的产区，葡萄酒的单宁丰富、酒精度数高、酸度低，香气中有辛香料和煮水果的味道，常有"地中海沿岸森林"

或"灌木丛"的气息。大陆性气候的产区，葡萄酒的单宁坚实有力，酸度也不弱，而且因为昼夜温差大，香气的层次更加丰富。海洋性气候的产区，葡萄酒的口感细腻、清新协调，虽然风格比较多样，但一般不会是酒精感比较强的类型。

气候条件对葡萄酒品质的影响非常大，当年的气候条件在酿成的葡萄酒里都有迹可循。盲品时根据葡萄酒的风味特征判断其产于何种气候条件下，比判断葡萄品种和产区更为容易。如果再能判断出产区，又熟知该产区各个年份的气候条件的情况下，甚至能据此判断出葡萄酒的具体出产年份。

在如今全球气候变暖的情况下，获得成熟度高的葡萄果实、酿造浓郁劲道的葡萄酒变得越来越容易。但丰厚强劲并非高品质葡萄酒唯一的或最佳的状态，如何保持细致均衡更值得用心考虑。

– 土壤与葡萄酒的品质 –

葡萄树根植于大地，一株成年葡萄树的地下根系重量约占整个植株重量的一半，深度达几米，甚至十几米，由此不难理解土壤对葡萄树的作用有多大，对葡萄酒品质的影响有多深。

土壤对葡萄树影响很大，但葡萄树并不需要从土壤中获得太多的营养成分。肥沃的土地，特别是含氮量高的土地，葡萄的植株会迅速生长，枝叶过于茂密，遮挡了照向果实的阳光，反而不利于果实的发育成熟。还有观点认为，在贫瘠的土地上，葡萄树为获取营养，因为生物的应激反应，根系会努力向土壤深处生长，反而能吸收更为多样的营养成分，从而使葡萄酒的风味也变得更加丰富。历史上的实践也表明，往往那些贫瘠、不易耕作的土地都是用来种植葡萄的；而肥沃、平坦的土地一般都是用来种植粮食、蔬菜等作物的。

　　土壤的成分对葡萄酒的品质有影响，在火成岩质土、沉积岩土和冲积岩石地这些不同土质上成长的葡萄酿成的酒，都会有不同的风味特征。两块相邻的葡萄园所出产的葡萄酒，比如在勃艮第的黑皮诺（Pinot Noir），使用完全相同的种植方法和酿造技术，葡萄酒的品质可能不相上下，但也可能会有截然不同的风味表现。再有，波尔右岸的三大知名的酒庄柏图斯（Petrus）、白马（Chateau Cheval Blanc）和欧颂（Chateau Ausone），彼此相距不过三四公里，因为土壤成分不同，酿造出的葡萄酒虽说都是顶级品质，但风格迥然不同。这些现象肯定与土壤的成分有关系，但其营养成分的种类、含量、比例等如何作用于葡萄的生长并最终影响葡萄酒的品质，人们现在还知之甚少，一些观点也还只是基于现象的猜测。

不过，土壤对葡萄树影响主要是通过温度和水分发生作用。比如波尔多梅多克（Medoc）的砾石、罗讷河谷教皇新堡（Chateauneuf-du-Pape）的鹅卵石，在白天经阳光照射吸收热量，夜晚气温下降后释放出来，提高葡萄园的温度，非常有益于葡萄的生长。土壤的保水性能和排水性能同样重要。虽然葡萄树适合轻微缺水的状态，但土壤的保水性能不佳时，比如沙土含量过度的土壤，不能贮存足够的水分，会影响葡萄果实的成熟，酿造的酒会生涩、尖酸、色淡，而且香气不足。相反，排水性差的土壤，比如黏土含量高的土壤，容易使葡萄树的枝叶生长茂盛，反而影响果实的成熟。严重的会形成内涝，导致葡萄树根系的死亡。

　　综合土壤结构、气候条件等因素，"风土"是葡萄酒世界里经常提到的一个概念，"风土"这个词来源于法国中的"terroi"，在英语、西班牙语和德语中都很难找到对应的词来翻译。"风土"是指一个地区赋予葡萄酒的总体自然环境，包括地质和土壤条件、朝向、坡度、水分，以及整体的气候条件等。这些因素对葡萄酒都有或强烈或微弱的影响，通过精心的酿造将其转化到葡萄酒中单宁、酸、酒精和香气等风味特征中，让饮酒者得以感知。葡萄酒中很多风味特征都带有强烈的地域痕迹，其实这所谓的痕迹就是综合着各种因素的风土条件。风土条件的多样性造就了葡萄酒的多样性，特别是旧世界的法国和意大利等国，更愿意在葡萄酒中展现各自独特的风土特征，愿意酿造"风土酒"而非"品种酒"，高辨识度的地区特点是它们独特的优势。虽然几乎世界上任何一个产区都可以酿造霞多丽（Chardonnay）和西拉（Syrah），但夏布利（Chablis）的霞多丽（Chardonnay）和巴罗萨谷（Barossa valley）的西拉（Syrah）却是其他产区无法复制的。

- 人与葡萄酒的品质 -

　　品种、气候、土地是决定葡萄酒品质的三要素，决定了葡萄酒内在的先天品质；而葡萄酒外在的后天品质，则必须仰仗人类的勤劳和智慧。面包好不好吃，不能完全依靠面粉，面包师傅的手艺也很重要。葡萄酒和面包一样，都是由农产品加工而成，自然条件只赋予了农产品呈现出某种品质特征的可能性，而与人类的劳动结合之后才会呈现必然的结果。

　　在推动葡萄酒世界向前发展的过程中，人类对各种自然条件的选择发挥了重要的作用，正应了现在网络上流行的那句"选择比努力更重要"。

　　可以想象，在开垦成葡萄园之前的荒野是什么样子，但旧世界葡萄酒产区的先人们在跌跌撞撞中摸索出了什么样的土地适合种植葡萄，选择了适合的土地，并把那里开垦成葡萄园。他们又在漫长的发展中，为每片土地选择了适合的葡萄品种进行种植。之后，或者在同时，他们又为相应的葡萄树选择了最有利于其成长的修剪方式、栽培架式等田间管理方式。从此，经过人类漫长的摸索之后，各个葡萄品种才各就各位，生长到了适合的土地之上、天空之下。在整个葡萄酒酿造的过程中，人类把越来越多的精力投入到葡萄园里，因为"好酒是种出来的"。虽然是种出来的东西，但也不能完全靠天吃饭，人的取舍、计划在其中起到了决定性的作用。

葡萄果实成熟之后，采收时机的选择也非常重要，对葡萄酒的品质影响很大。如果采收过早，葡萄果实的成熟度不够，葡萄酒就会生涩、粗糙，出现生青的气味；如果采收过晚，果实过熟，葡萄酒的酒精度数高，葡萄品种的特征会淡化甚至消失，出现煮熟的水果或甜腻的果酱的风味。发酵过程中酵母的选择也会影响葡萄酒的风味，如果对原生酵母不加控制以其主导发酵过程，葡萄酒可能会出现"不干净"的味道。

葡萄酒酿造的全过程中，包括葡萄园里的种植、管理和发酵车间里的浸皮、过滤等，以及在酒窖里对葡萄酒的修饰、培育，都会对葡萄酒的品质和风味表现都会有举足轻重的影响。本书篇幅有限，在这里对各种技术细节就不再一一交代，有兴趣的读者可以阅读相关的专业书籍。

葡萄酒是葡萄树在人类辛勤劳动中创造的成果，葡萄果实并不是葡萄酒的全部。葡萄果实虽然为葡萄酒提供糖、单宁、酸和各种风味物质，但这只是为酿酒师的创造提供了素材。在种植得到葡萄果实、果实转化为酒液及酒液经培养最终被修饰成葡萄酒的过程中,人类起到的作用不容小觑,和自然的作用同样,各自都是整个链条中的一环,不分轻重,同样重要。葡萄酒酿造过程是天、地、人三者合一的过程,葡萄酒里可以说有着葡萄农、酿酒师等"人"的味道。

曾任法国国家法定产区管理局局长的勒桦男爵(Baron Le Roy)说过:"葡萄酒的品质之所以能够精益求精,唯一的原因就是因为它出自人类的双手。"

3

❶ 服侍葡萄酒

　　葡萄酒是有生命的，葡萄酒也是敏感的。人们要享受它带来的欢乐，就得悉心对待它。为葡萄酒选择良好的保存环境，为葡萄酒选择适当的酒杯，以及调整葡萄酒的温度等，这些过程看似烦琐无趣，但其作用最终都能体现在你面前那杯酒里。葡萄酒是很感性的，你对它好，它才会对你好。

━ 葡萄酒的储存 ━

有生命就能受伤，有生命就会死亡，葡萄酒就是有生命的，所以储存不当就会受伤，甚至死亡。葡萄酒是为数不多的不用标示保质期的饮料，但一瓶酒有陈年潜力是一回事，陈年之后品质到底如何又是另外一回事。陈年已久的酒，每一次开瓶之前都会让人紧张它的状态到底如何，这也许正是葡萄酒不同于其他酒类的让人"揪心"之处。为什么会这样呢？这是因为虽然葡萄酒可以长久存放，但却又非常脆弱，一定要储存在合适的环境中。否则品质就会下降，甚至无法饮用而致"死亡"。

·温度

葡萄酒理想的储存温度是 10℃ ~13℃，不过在 5℃ ~20℃之内都可以接受。只不过储存温度会影响葡萄酒的熟成速度，温度越低葡萄酒的熟成速度越慢，葡萄酒的成长变缓；反之，温度越高的葡萄酒的熟成速度越快，不过熟成太快会损失一些细致的陈年风味。相比到底什么是适合的温度而言，在一定温度下保持恒定更重要。如果温度高低变化得太大或者太快，会因为热胀冷缩导致葡萄酒的木塞漏气，密闭性变差，会加速酒的氧化。

· 湿度

葡萄酒理想的储存湿度是 75%~80%。湿度的影响主要体现在软木塞上，湿度过高则容易滋生霉菌，导致软木塞和酒标腐烂。不过，如果储存葡萄酒的环境能保持通风，就会避免或减少霉菌的问题，这时候湿度高一些也没有问题。如果在湿度"过高"和"过低"中选择其一，一般来说选择"过低"的风险会更小一些。

· 光线

葡萄酒的理想储存环境是黑暗的。葡萄酒对光线敏感，光线会让红酒颜色消退，让白酒颜色变深。而且，长时间的光照还可能会让葡萄酒发生还原反应，产生难闻的味道。所以葡萄酒最好储存在无光的黑暗环境中，至少不要有直射的光线，而且不仅指阳光，包括人造光线也应如此。

· 气味

葡萄酒的理想储存环境是没有气味的。葡萄酒对气味敏感，会将周围环境中的气味吸到瓶子中去。理想的环境应该适当通风，而且专门用来储存酒水，特别要远离葱、蒜等味道强烈的东西。

很多书籍上认为葡萄酒储存过程中应该避免振动，本书的观点认为这并非一个值得关注的问题，首先是因为极少会有葡萄酒储存在振动的环境中，另外普通的震动会对葡萄酒产生坏的影响也缺乏理论的支持和实践的验证。

　　还有一个广为流传的观点认为，储存葡萄酒时应将酒瓶平躺放置，理由是这样可以使软木塞接触到酒液，能够避免软木塞干燥之后产生漏气的风险。这个说法不无道理，但也不必过于较真，认为直立放置的葡萄酒就一定会出问题。软木塞如果特别干燥，只会失去弹性，而木塞的体积并不会收缩，所以就不会失去密闭性。这种情况下木塞变硬，又紧紧地封住瓶口，只是增加了开瓶难度而已，而不会影响葡萄酒的品质。相比之下，平躺放置的葡萄酒，软木塞长期接触酒液，若干年之后，木质细胞壁腔内被液体充满，就会逐渐失去弹性，甚至腐烂。平躺放置还是直立放置，实际上各有优劣，但总体来说直立放置的优势还是要大一些，这与广为流传的说法有所不同。

不过，葡萄酒也没有想象中那么脆弱，那些到手之后准备尽快喝掉的葡萄酒其实也没必要如此小心翼翼地储存，只要避免高温和阳光直射就可以了。那些准备长时间陈年的酒就一定要细心照料了，随着时间的流转，当开瓶饮用那一刻，你会发现之前的细心照料没有白费，葡萄酒一定会以健康纯净而丰富的风味口感给予你回馈。

－ 大酒还须大杯斟 －

大酒还须大杯斟，这里说的大酒不是指要喝大量的酒，而是指层次丰富、底蕴深厚的优质酒。大杯虽然尺寸应该符合一定的规格，但也不单单是指容量大的酒杯，而是指品质优良的酒杯。

在所有饮用葡萄酒所需的器具中，以酒杯最为重要。经常有初学葡萄酒的朋友向我请教应该购买什么样的葡萄酒开始自己的葡萄酒历程，但我首先向他们推荐的往往不是优质的葡萄酒，而是从购买一只优质的葡萄酒杯开始。虽然透明高脚杯的历史与悠久的葡萄酒历史相比非常短暂，而且酒杯重要性理念的确立和选择技术的产生时间更是微不足道，只有区区的几十年，但我们不能因此而忽视酒杯的重要作用。

用好的酒杯饮酒会有一种隆重的仪式感，特别是请朋友饮酒，用一只好酒杯所能表达出尊重的效果不会弱于一瓶好酒。约女孩子去餐厅见面用餐，除了只带上适合女性的酒款，也带上两只漂亮精致的水晶杯，当酒瓶和酒杯摆上餐桌，就算初次见面，几乎每个女孩都不会拒绝与你共饮的邀请。当然，用好酒杯的这种仪式感很可能被人说是装腔作势，但除了这种表面的形式之外，用好酒杯饮酒，确实更能显现葡萄酒的风味，更能提升饮酒的感官享受。学习了解杯具的常识，认可杯具的重要性，是迈入葡萄酒世界、体验葡萄酒历程的重要而不可或缺的环节。我个人非常重视酒杯，偶尔遇到有好酒而没有好杯的场合，宁可随便开瓶普通的酒充数，也一定要把好酒收起来留到有好杯子的时候再享用。有时一瓶平凡无奇的酒，选用上好的酒杯，再配合上适合的饮用温度等条件来饮用，都会增色不少，能展现出葡萄酒最好的风貌，带来美好的饮用体验。

一般来说，优质葡萄酒杯都是以水晶制造的，具有细致轻盈、清澈透明、杯形合理、纤薄柔韧等特点。酒杯制造商和品酒专家都对酒杯的形状、尺寸和材质等因素对品鉴的影响进行了深入的研究。从某种意义上来讲，酒杯不是单纯地在酒瓶和人的嘴巴之间传递葡萄酒的工具，而更像是一个用来诠释葡萄酒的工具，就算是相同的酒，倒入不同的杯子里饮用，都会得到不同的感受。奥地利的醴铎（Riedel）、德国的肖特（Schott Zwiesel）和诗杯客乐（Spiegelau）等厂商都不仅区分红葡萄酒、白葡萄酒和香槟酒的大类推出不同的酒杯，甚至针对适应不同的葡萄品种开发出了比如西拉(Syrah) 杯、赤霞珠 (Cabernet Sauvignon) 杯等这样的产品，也针对适应不同的葡萄酒产区推出了波尔多（Bordeaux）杯、勃艮地（Burgundy）杯等多种多样的产品。像醴铎（Riedel）的侍酒师（Sommelier）系列、肖特（Schott Zwiesel）的红酒吧（Enoteca）系列，每个系列都推出了几十款不同的杯型。

不过，就算一次饮用多种酒款，现在我们的餐桌上的酒杯阵容也难以有那么声势浩大，基本上准备好水杯、波尔多或勃艮地的红葡萄酒杯、白葡萄酒杯和香槟杯四种就会让人觉得阵容华丽大气，使用起来也绰绰有余了。毕竟要凑齐这些杯子不单单是买酒杯要花很多钱，通常这些杯子都很大，在房价居高不下的大城市，存放杯子的空间也是一个大问题。

好的酒杯要细致轻盈、结构合理。酒杯要轻，不能让酒杯的厚重感分散了饮酒者的注意力和增加饮酒者握持的负担。那些镶嵌着金属底座等过多点缀的酒杯看似华丽，但执起杯来手感并不好。除非那些专门为外出携带而设计的酒杯，一般来说必须是高脚杯，而且要有一定长度的杯柱以方便握持和摇杯，杯柱太短执杯的时候总是感觉不太顺手，如果杯柱不是匀称的圆形而是方形等形状，握在手里也会显得比较别扭。传统的说法认为饮用葡萄酒一定要用高脚杯，而且执杯的时候也要握在杯腿或杯脚，而不能用手托着或者握着杯身，是因为担心手的温度会传递到杯内的葡萄酒当中。而实际上无论用手握着酒杯的哪个部位，手的温度对葡萄酒的影响都小到可以忽略不计。其实用手握杯身的弊端只有姿势显得不那么潇洒、容易留下不好清洗的手印和碰杯时发不出悦耳的声音这三点。酒杯还要有大小合适的杯脚（底盘），既要与整个杯身的大小相协调，又能承受盛上酒后整个杯子的重量，能让酒杯平稳地安放在桌子上。而有些人习惯以手指捏住底盘的方式执杯，底盘的大小和形状也会影响到手感。

好的酒杯要清澈透明，不偏色。大家如果留心观察就会发现，大多数的普通玻璃制品并非如我们想象的那般无色透明，而是偏黄或偏蓝色，透明度也不是那么高。品尝葡萄酒时观察外观是第一步，其中包括观察酒液的颜色类别、深浅、清澈度以及气泡酒的气泡密度和持久度等，少了这个步骤，品酒的乐趣可就减弱了许多。因此水晶制成杯壁轻薄、清澈透明、纯净无色的酒杯是最好的选择。酒杯的外形只能追求形状的协调和线条的优雅，而不能过度，甚至说不能接受一点点多余的装饰。那些杯壁上雕饰着繁复的花纹，甚至上漆涂彩的杯子只能用来作为装饰品，完全不适合用来品酒，你可以把它们放在酒柜里，但不能放到酒桌上。好的酒杯不会喧宾夺主，绝不能遮掩了酒液的风采与光芒。在欣赏葡萄酒的外观时，酒杯应该是可以"隐形"的，对着白色的桌面或碟子观察时，杯里的酒液应该就像悬浮在距离桌面上方几寸的空中一样，让饮酒者在此时完全可以忽略酒杯的存在，目光的焦点完全聚集在葡萄酒之上。越是简单朴素的酒杯，其实越是好用。

好的酒杯要有合适的形状和体积。朴素一点形容，杯身的大体形状就像被切掉一头的鸡蛋，浪漫一点形容就可以说成如郁金香的花冠了。从侧面看，酒杯的形状都是杯身下部隆起，顶端则向内收束的。下部隆起最大的部位，往往也是倒酒的最大高度，这样可以保证酒液以最大的表面积和杯子里的空气接触，以利于香气的散发。隆起圆润的杯身，也保证了有足够的空间盛放葡萄酒散发出来的香气，让即使比较淡弱的葡萄酒也能慢慢在杯子里聚积更多的香气，达到一定的浓度，因而让饮酒者更容易辨识出来。当然，如果杯口没有向内收束，甚至制成向外展开的形状时，会有很多的香气快速散失到空气之中，也会有大量的空气混入杯中，这样杯中葡萄酒的香气便会变得稀薄到难以辨识了。酒杯要有一定体积，以保证聚拢足够的香气。现在确实也越来越流行用大酒杯，一是视觉上显得高档贵重，二是会让香气显得丰盈强壮。不过大的杯子也有坏处，过大的杯子让鼻子与酒液的距离过远，反而影响闻香；过大的酒杯也比较容易损坏，而且难以清洗；过大的酒杯对在餐桌上摆放和仓库储存也会造成很大的压力。

好的酒杯要纤薄柔韧。酒杯的杯壁要足够薄，特别是杯口的厚度，因为饮酒时杯口是直接与嘴唇接触的，杯口与嘴唇接触的感觉会影响到对酒的整体感觉，虽然喝的是酒不是杯，但客观上来说杯子确实影响到了酒的口感。另外，酒杯纤薄柔韧，碰杯时酒杯发出的颤音会更加清澈悦耳和持久不散，让人心旷神怡。正因为优质水晶杯的运用，才让葡萄酒的饮用除了传统的观色、闻香、品味这三种眼、鼻、口的感官享受之后又多了一种用耳朵去听的享受。如果碰杯之后杯子的振动能持久到足够的时间，当杯口与嘴唇轻轻接触时，嘴唇能感受到震颤，那真是一种无法形容的美妙感受。如果是一对刚刚初识互有好感的男女碰杯之后感受到这种震颤，如同通过酒杯间接受到了对方的亲吻，那种酥麻的感觉很容易让对酒和共饮的人同时产生迷恋。再有，酒杯够薄，才能保证够轻，不只口感，手感也会更好。试想想，将同一款酒分别倒入一个手感沉重、嘴唇触感厚实的酒杯里，和倒入一个手感轻盈、嘴唇触感精致的酒杯里，哪一个会给饮酒者带来更好的享受呢。

酒杯里有两种常见又比较特殊的杯型，一个是香槟杯，一个是 ISO 标准杯。

香槟杯也分两种，一种是浅碟形香槟杯，一种是笛形香槟杯。浅碟形香槟杯是传统或者说老旧的杯型，虽说偶尔会在一些影视作品和时尚派对里见到它的身影，但由于它杯身太浅、开口太大的特点，容易让酒的香气和气泡非常快地散失，因此并不是饮用香槟的良好选择，用来装甜点比用来喝酒更好。如果非要找出这种杯子的优点，那就是比较适合狂欢时大口干杯了，相比细长的笛形杯，不用抬手太高就能轻而易举地将满杯酒一饮而尽了。笛形杯，顾名思义就知道是一种杯身修长的杯子了。修长的杯身非常适合欣赏香槟酒持续发散出来的气泡，由于细而长的特点，用不着倒入太大体积的酒液，就能在酒杯里形成比较大的液面高度，因此从杯底一直升腾到液面的气泡有了比较长的行程，能让气泡的展现达到最佳的效果。正是因为这一点，香槟的斟酒高度要高于红葡萄酒和白葡萄酒酒杯三分之一高或以杯身最宽处为准的高度，一般要斟到酒杯的四分之三高。但是笛形香槟杯也并不是非常完美，长是优点，有利于观赏气泡，但细就是缺点了，不利聚拢香气。因此，在品尝一些年份较长的昂贵的香槟时，一些酒友更愿用喝白葡萄酒的杯子，在较大的杯内空间聚拢香气，以便享受那珍贵而且可能微弱的气息。

ISO 标准杯是国际标准化组织在 1970 年设计出来的，是面对专业的品鉴、训练或比赛用的，可以说是针对专业领域的应用而非针对消费市场而设计的。前面说过，同样的酒在不同的杯子里有不同的表现，那么在专业领域必须有一个标准的杯型才能进行客观的比较，ISO 标准杯就是来承担这个责任的。但在消费领域它有着一杯百用的优

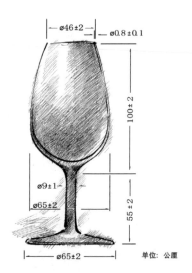

单位: 公厘

点，无论白葡萄酒、红葡萄酒、香槟酒，甚至烈酒都可以用它来饮用，虽然不能让每种酒都得到最优秀的表现，但起码也不会太差。另外，这种酒杯体积比较小，携带方便，价格也不贵。以前我经常

在车里放上一套以应付不时之需，甚至我在自己的工作室里喝水都是用 ISO 标准杯。后来买了几支 Riedel 的 O 系列无脚杯，我的 ISO 标准杯才完成了它的使命。就在我写这篇文章的时候，手边就是用 O 系列的西拉杯装着矿泉水来喝呢，其实它更适合在外出野营、度假的时候使用。

无论选择什么样的酒杯，保持酒杯的彻底清洁是最重要的问题。酒杯在每次使用后应马上进行清洗，这样大多数情况下不用洗涤剂，只需用干净的布擦掉杯口的污渍，其余地方整体用温水冲洗就能很干净了。如果油污很重，有必要用洗涤剂，就要选用无味的专用洗涤剂，避免残留洗涤剂的化学气味。洗干净的酒杯应该吊挂晾干，再放入无气味的箱子或柜子里存放。如果在水质较软，就是水中矿物质含量不高的地区，吊挂晾干的酒杯上就不会有太严重的水渍，如果干燥之后仍有轻微的水渍，用布稍加擦拭就可以了。但如我所在的中国东北地区，自来水质较硬，洗好的酒杯必须用布快速擦干，才能让酒杯干燥之后保持通透明亮，否则干了之后再想擦干净水渍就是一场噩梦。有句话说得很贴切，"干净的酒杯都不是洗出来的，而是擦出来的"。擦杯的布一定要是没有异味并且不掉纤维的专用擦拭布才行，清洗和擦拭杯身时固定酒杯那只手也要握在杯身，如果握在杯腿或杯座上，旋转大直径杯身产生的扭力非常容易将纤细的杯腿拧断。无论存放在柜子里还是原装纸箱里的酒杯，过一段时间都可能染上酒柜味或纸箱味，甚至在空气不好的地区会染上灰尘味，但一般来说遇到这种情况不用重新清洗，有一个小技巧，就是用开水壶里冒出来的水蒸汽熏蒸一下就可以完全清除了，而且不会产生干扰品尝的水珠和恼人的水渍。这个熏蒸办法也可以对付酒杯上残存的水渍，只不过熏蒸之后还是要用干净的布擦拭一下。如果不是正式的场合一定要在客人面前呈现洁净无瑕的酒杯，自己饮酒前对付杯内异味的最好办法是"沾酒"，就是用将要饮用的酒倒入杯内少许，摇杯让酒杯内壁都沾上这种酒液，然后再将其倒掉就可以了，其实这个做法就是以酒涮杯。清洗酒杯这么难，以至可以认为能陪你喝酒喝到心情愉悦的人应该是喜欢你的，而能帮你把酒杯清洗并擦拭到晶莹剔透的人却一定是爱你的。

美酒佳酿来之不易，但糟蹋美酒的因素有很多，比如不当的贮酒方式，不当的饮用温度等，其中最不应该出现和最容易避免的就是用错酒杯，千万不要让拙劣的酒杯掩盖了葡萄酒的优点，破坏了美妙的饮酒体验。

— 葡萄酒的适饮温度 —

日常生活中，人们都知道食物和饮品应该在什么温度下进食才恰到好处，比如清蒸鱼一定要趁热吃才鲜甜多汁，油炸花生却要放凉了口感才爽脆；鸡汤要趁热喝才香，可乐却要冰冻着喝才爽。葡萄酒也是，温度对酒的风味表现有着非常重要的影响，就算同一瓶酒，用同样款式的酒杯来饮用，如果酒液的温度不同，这两杯酒的风味表现可能就有天壤之别。饮用温度不仅能影响到葡萄酒的风味是浓郁还是寡淡的，还能影响到风味是美好还是低劣的。美酒佳酿来之不易，每一瓶酒都是用时间、汗水、金钱和精力酿造而来的，它的美好之处如果在餐桌上被不恰当的饮用温度遮掩了，那真是不应有的罪过。

·饮用温度对甜的影响

温度高甜味感更强，温度低则减弱。温度对甜味的这种影响，包括糖、甘油和酒精造成的甜味都是一样的。相同糖度的饮品，在温度较高时喝感觉会比在温度低时更甜。

·饮用温度对酸的影响

温度高酸味的刺激感更强，温度低则柔和。温度会加强酸味对口腔的刺激，而且专家们经过实验发现，这种现象在酒精度为 10% 左右的溶液中会得到放大，也就是说温度升高一点，葡萄酒的酸度表现就会强烈很多。

·饮用温度对单宁的影响

温度高单宁轻柔顺滑，温度低则粗糙坚硬。温度过高，葡萄酒可能失去单宁支撑的力度，温度过低就可能粗糙得难以下咽。

·饮用温度对酒精的影响

温度高，酒精的温热感和气味更强，温度低则弱。酒精的气味是所有香气的背景和衬托，在闻到其他香气的时候也必然会闻到酒精的气味，只不过温度越高酒精味就越明显。温度高也会让酒精的温热感更强烈，让酒的"酒劲"或称"酒感"更足。

·饮用温度对香气的影响

温度高香气浓郁，温度低则较弱。温度影响香气的表现，主要是因为温度会影响构成香气的化学成分的挥发强度，温度越高，挥发得就越快，温度低就变慢，不同的化学成分因为性质不同，随温度变化挥发变化的幅度也不同。葡萄酒温度过高时，缺陷气味会表现得更明显，酒精气味也会过于突兀；葡萄酒温度过低时，香气会非常微弱，甚至根本闻不到香气。

·红葡萄酒的适饮温度

很多人说红葡萄酒适合在室温下饮用，但这个"室温"却是一个非常宽泛、让人无法把握的概念——同一季节，广州的室温可能接近30度，而沈阳的室温可能也就20来度，相差之悬殊让人无所适从。所谓的室温应该是经过人工调节、让人体感觉比较舒适的室内温度，大概的范围应该在18~22摄氏度之间。

红葡萄酒在温度高于22摄氏度以上时，酒精的气味和灼热感会突显出来，酸度也会比较刺激；温度低于14摄氏度时，单宁会过于艰涩，口感将以涩感为主，香气也会过于封闭；温度处于18摄氏度左右时，各种结构成分的表现会最为均衡，口感丰满顺滑，香气得以充分展现，缺陷气味会得以压制，酒精气味也不会突显出来。

当然，不同的红葡萄酒会有不同的适饮温度。简单地概括，红葡萄酒的适饮温度取决于单宁的涩感，单宁越强的酒适饮温度越高，反之则越低。对于年轻的、单宁较轻的红葡萄酒，比如薄若莱新酒，应该在比较低的温度下饮用，这样既能展现出新鲜的果香和清爽的口感，又不会让单宁变得粗糙难受；对于陈年的、单宁厚重的红葡萄酒，比如陈年的梅多克，应该在比较高的温度下饮用，这样既能展现珍贵的窖藏香气，又能让单宁柔软顺滑。这个原则也符合红葡萄酒的果香与单宁成反比的风味特点：果香丰富的酒，单宁相对比较内敛；果香内敛的酒，单宁则相对比较丰富。

·白葡萄酒的适饮温度

白葡萄酒的适饮温度一般来说偏低，因为白葡萄酒里几乎不含单宁，普遍酸度又比红葡萄酒高，所以在较低温度下饮用既不会加强涩感，又会让酸度柔和。另外，白葡萄酒大多追求清爽怡人的口感，较低的饮用温度也会加强这种感觉。

同红葡萄酒类似，年轻的白葡萄酒适合在较低的温度下饮用，这样可以压制尖锐的酸度，展现新鲜的果香和清爽的口感；陈年的白葡萄酒适合在较高温度下饮用，这样可提升酸度的表现以增加酒的活力，又利于展现细腻而柔弱的窖藏香气。

虽然白葡萄酒大多数适合在较低温度下饮用，但一味地追求冰爽的口感也是错误的。其最大的缺陷是可能让本来就比较微弱的香气封闭起来，虽然可能不会增加负面的因素，但会浪费了一瓶珍贵的佳酿，让它与普通的酒款无从区别。那种把白葡萄酒长时间浸入冰水里置之不理的做法是不对的，对于那些贵重的白葡萄酒，在无法把握适饮温度时，宁愿从较高的温度开始尝试，可能是胜算更大的选择。

·甜酒的适饮温度

甜酒的适饮温度普遍比较低，这是因为过甜的饮品都会让人生腻而且粘喉，而降低了饮用温度后这种情况就会有所改善。越是简单年轻的甜酒适饮温度越低，以避免甜度过于甜腻，突出清新的口感；越是复杂陈年的甜酒适饮温度越高，因为这种酒的甜度可以完美地被酸度、香气平衡，不需要低温度来压制，而且在较高的温度下又能充分展现丰富而细腻的香气。

·气泡酒的适饮温度

气泡酒的适饮温度普遍较低，这与二氧化碳在酒液中的溶解度有关。气泡酒中之所以能够产生气泡，是因为溶解在酒液中的二氧化碳释放出来的结果。二氧化碳在水中的溶解度与温度成反比关系，温度越低，每单位水中可溶解的二氧化碳越多；可溶解的二氧化碳越多，气泡释放的速度就越慢、强度就越小。因此，在较低温度下饮用气泡酒有两个好处：一是可以降低气泡散发的速度，让酒长时间保持气泡冉冉上升的状态，有利于视觉观赏；二是可以降低气泡的强度，控制气泡的扎口感在一定程度之内，不至于太过刺激。不过，对于一些陈年的气泡已经衰减、香气更加细腻的酒，过度冰镇可能会损失酒的风味，在较高温度下饮用会有更好的效果。

– 葡萄酒的饮用顺序 –

当一次要品尝多款葡萄酒时，合理安排品尝的顺序，对整体的品尝效果具有重要的意义。平时只有一两瓶酒佐餐时，我们不用考虑太多，先喝哪个不难决定。可是一次出现几瓶好酒时，先喝哪个后喝哪个就值得推敲了。就像春节联欢晚会上节目的演出顺序，如果一开场就把当晚最精彩的节目呈现出来，后面的节目会让观众感觉索然无味，没人愿意观看了。

葡萄酒的饮用顺序基本原则可以称作"刺激强度递增原则"，就是后面的酒款应该比前面的强劲，如此才能保证后面的酒款不至于在前一款的影响下掩盖了风味。实践中，应该先品尝酒感弱、酒体轻、清瘦干硬的酒款；然后再品尝酒感强、酒体重、甜润丰腴的酒款。

如果是一组白葡萄酒，首先要依据糖分的含量递增来排序，其次是依据酒精含量的递增来排序。如果是一组红葡萄酒，首先要以单宁的递增来排序，其次也是依据酒精的递增来排序。如果一组里各种类型都有，那么通常是先喝白葡萄酒再喝红葡萄酒，先喝干型的酒再喝甜酒。

甜酒里的甜味会让接下来的干型酒失去原来的均衡，让干型酒显得干瘪和尖酸，因此先干后甜是一个基本的原则。不过，某些地区习惯用波特酒等甜酒当餐前酒，或者依照上菜的习惯，先上适合搭配甜酒的前菜，而要先来一杯甜酒，这种与先干后甜的原则冲突的情况时有发生。

红葡萄酒相对重的酒体和紧涩的单宁会让接下来的白葡萄酒显得寡淡无奇，因此先白后红是一个基本的原则。不过，这是一个经常被质疑的原则, 到底是先红还是先白, 还要视具体情况而定。其实红葡萄酒和白葡萄酒的风味特征并没有一条泾渭分明的界线, 在看不到颜色的时候盲品, 就算很有经验的人有时也会将一些红葡萄酒和白葡萄酒相混淆。最高的指导原则还是"先轻到后重"。遵循此原则, 诸如大普隆 (Gros Plant) 和绿酒 (Vin Verde) 的白葡萄酒, 这些酒非常干, 而且酸度比较大, 一般放在最开始饮用肯定没错。或者, 班努斯 (Banyuls)、马第宏 (Madiran) 这类单宁强劲、略带甜味的红葡萄酒, 放在最后饮用也肯定没错。不过, 芳香型的白葡萄酒如雷司令 (Riesling)、琼瑶浆 (Gewurzraminer) 等, 由于有非常突出的香气, 而很容易压过一些轻淡的红酒, 因此, 就算这些白酒是干型或者微甜的, 也很难等同于一般的干白, 可以一律放在最前面饮用。此外, 还有一些经过橡木桶陈酿的、口感圆润的、有着明显香草和奶油香气的白葡萄酒, 比如纳帕谷 (Napa Valley) 的霞多丽（Chardonnay），可能更适合放在精巧细致的勃艮第（Burgundy）黑皮诺（Pinot Noir）红葡萄酒之后品尝。这样一是可以避免白葡萄酒中香草和奶油香气对红葡萄酒的影响，另外在红葡萄酒之后品尝这种类型的白葡萄酒，因为红葡萄酒中单宁涩感的对比，白葡萄酒的口感会显得更加温暖圆润。

考虑不同陈年时间酒款的饮用顺序时，一般先年轻后陈年是一个基本的原则。因为陈年的酒，经过完全的熟成，香气丰富，是年轻的酒没法比的，此时把年轻的酒放在后面品尝就吃了大亏。不过，不同的葡萄酒陈年的状态、熟成的速度不同，年龄浅的酒实际状态不一定就显得年轻，反之亦然。就算同一酒庄的酒，因为年份好坏的差异，也不是年龄越浅的酒状态越年轻。总之，把相对清淡、简单的酒排到浓郁、丰富的酒前面就对了。

当葡萄酒的产区、特性、年份有相同之处时，可以把它们排列为相邻的一组先后品尝，这样可以更有效地对它们进行比较。此时的排序可以它们的名声、价格为依据，名声大的、价格高的排在后面出场。

用餐时品尝葡萄酒，饮用顺序要考虑上菜的顺序。这里存在一个以酒为主还是以菜为主的问题，以酒为主的，依照喝酒的顺序来上菜；以菜为主的，依照上菜的顺序来安排酒。如果以葡萄酒为主的，应该先拟定酒单，之后再选择适合搭配每款酒的菜肴。如果以用餐为主的情况下，应该大胆打破前面讲到的那些原则，根据菜肴的风味特点和上菜顺序，组织安排喝酒的顺序。例如，菜单上同时出现生蚝与肥鹅肝，而生蚝要配干白，肥鹅肝要配甜白，但生蚝的海水味能压过肥鹅肝的香味，那么这时应该先上鹅肝与甜白的组合，再上生蚝与干白的组合。这完全是以菜肴为中心的考量，葡萄酒在这里只是一个配角而已。

　　如果都是同一国家同一产区的葡萄酒，而且又有明确的等级之分，那么按照等级的顺序，从低往高了喝；同一酒庄的酒，有正牌和副牌，甚至三牌之分的，也是从低往高喝，这样基本也不会出什么大问题。其实很简单，按级别是先卑后尊，按价格是先贱后贵。不过也有例外，假如一次要喝很多酒，等到后半段都有了醉意再喝好酒就有点不适合了，那时就很难品尝出好酒的美妙之处。遇到这种情况，不如索性先把最值得仔细品尝的几款酒放在前面先慢慢喝了，然后其他的酒就算用来大口干杯也不会有所遗憾。

　　无论如何都不能让顶级的葡萄酒最早现身，如果一开始就喝了极品酒款，就是"起调太高"，之后的酒相形见绌，戏就没法唱了。最好在顶极酒款之前安排一两款品质中上的好酒，有比较才能突出优势，才能烘托出顶级酒款的伟大和非凡之处。

　　一场酒局节奏应该有张有弛，轻松和庄重可以交替出现。在声名显赫、品质超群的酒款出场时，侍酒时就要严谨而庄重，讲究有仪式感的排场。饮酒本来是一件轻松的事，但对待难得一见的珍酿还是不能太随便对待，这不是为了装腔作势，而是因为保持一定的紧张和兴奋可能会带来更强烈的感官享受。一场酒会的愉悦心情，往往在主人发布酒单之后就产生了。如果其中有顶级酒款，主人一定要让客人提前知道，让客人充满期待的心情来赴约，以朝圣般的态度迎接共享稀世珍酿的美好时刻，这种愉悦并不会比饮酒本身差多少。当然，平平常常的酒款，也可以平平常常地喝，碰到自己心情好时，或者遇到知心的朋友，痛痛快快干上几杯也无妨。

原则很多，但原则之外还有例外，饮酒的顺序没有标准的法则，没有固定的答案。如果让不同的人来组织安排，会有不同的顺序，这都没有绝对的对错。好比拍摄完的电影素材，不同的剪辑组合，会产生观赏效果大相径庭的影片。同样的一组酒，按照不同的人组织的顺序来喝，每一瓶酒都有不同的表现，整体的酒局也会有截然不同的感受，或许都很精彩，没有绝对的对错。

— 开瓶 —

"到底是先有软木塞，还是先有开瓶器？"在很久以前一位叫杰若姆·夸尼阿尔（Jerome Coigard）的神父提出这样一个问题。

如果没有软木塞存在的话，当然没有开瓶器存在的需要，所以软木塞就不会在开瓶器之后出现，因此先有软木塞好像是比较合乎逻辑的答案。可是，反过来一想，如果不是先有开瓶器的话，那历史上第一个用来封瓶的软木塞又是用什么拔出来的呢? 夸尼阿尔神父最后的结论是，软木塞和开瓶器这一组物品，应该是在同一时间由某位才华横溢的聪明人同时设计发明的，不应该是一前一后产生的。

　　前面这段是关于软木塞与开瓶器的题外话，现在我们一起讨论如何开瓶。开瓶似乎是一个简单的问题，但其中却有很多细节需要注意，甚至在

一些操作上，大家的意见还不统一，各执己见。

开瓶之前有一个重要的步骤，叫作开瓶的预处理，就是酒瓶内沉淀物的处理，当然如果酒瓶中没有沉淀物的话则不需要这个步骤。从酒柜或酒窖中取出一瓶已经横放了一段时间的酒时，首先要检查酒瓶里是否有悬浮物和沉淀物，如果有则需要预处理。这些沉淀物是葡萄酒在长期的陈年过程中形成的，是酒石酸盐或单宁等物质的凝结，并不会对酒的风味产生负面的影响，但如果处理不当随着酒液倒入酒杯里还是会影响饮酒的感官体验。遇到这种有沉淀物的酒，拿取和移动酒瓶的动作定要轻柔缓慢，避免沉淀物扬起。其实，有经验的人，处理任何一瓶葡萄酒时，无论陈年多久，无论贵贱，都应该把它当作优质的陈年老酒对待，尽量减少振动以免扬起酒瓶中的沉淀物。遇到横放的、有沉淀物的葡萄酒，要动作轻柔地将酒瓶直立起来，让沉淀物因为重力的作用慢慢沉积到瓶子的底部，然后再开瓶。这个过程短的需要几个小时，长的需要一两天，如果时间充足的话，在开瓶前把酒瓶在阴凉处直立放置四十八小时以上是最理想的。经过这样的直立静置处理后，再以轻柔缓慢的动作开瓶、倒酒，就算沉淀物会沿着倾斜的瓶壁内侧有轻微的滑动，也不至于再次扬起，这样就能将清澈的酒液从瓶中倒出来。不过，也有一种技巧，将酒瓶放在酒篮中，一直保持在接近于横放的倾斜状态，在此状态下开瓶、倒酒，以避免扬起沉淀物。不过这种方法需要更多的技巧和耐心，难度更大。无论采用哪种方法，开瓶前的处理工作都如同为一场隆重的祭典做准备，非常有仪式感，是一个值得欣赏和体会的过程。

开瓶的第一个步骤是去除瓶口的封套，用开瓶器附带的刀子沿着靠近瓶口突起的玻璃环，切割完全的一周，之后就可以轻轻地取下封套的帽盖。这个步骤有人坚持要沿玻璃环的下沿切割，为的是保证从瓶中倒出酒液时不会接触到余下的封套，避免污染酒液。其实这个担心没有必要，无论哪种方法都不至于让酒液造成污染。有人习惯沿上沿切割，这样可以比较轻松地切割下一个形状完整的帽盖，向客人展示起来比较漂亮。切割封套有时并不如想象中那么简单，有的封套容易破碎，有的又过于坚硬，轻松顺畅地用一刀或两刀完成这个动作还需要大量的练习。去除封套之后要对软木塞进行检查，查看是否有发霉、虫蛀等现象。如果有发霉、虫蛀的现象，但并不严重的话，软木塞没有完全腐烂或被蛀穿，对酒液仍能起到保护作用，这时只需清理干净，继续开瓶就可以了。

接下来就要用开瓶器拔出软木塞了。市面上的开瓶器种类很多，形态各异，据葡萄酒开瓶器的爱好者和收藏家所讲，样式不低于数千种，单单在西班牙的一个葡萄酒博物馆中就收藏着三千多种开瓶器。开瓶器虽然有这么多种类，但真正实用的并不多，最简单易用的是"海马刀"——一种形似海马的开瓶器，叫作"侍酒师之友"（Waiter's Friend）。这种开瓶器价格有几十元的也有几千元的，使用起来效果却相差不多，并不是越贵越好用。比如一款欧洲的名牌开瓶器，价格昂贵，但可能是因为中国人的手劲不如欧洲人的原因，在国内很多人用起来并不顺手。先将海马刀上螺旋杆稍微倾斜，将螺旋杆的尖端插入软木塞的中间部位，然后再将螺旋杆垂直旋入软木塞。旋入的深度要有所控制，以尽量深入但不刺穿软木塞为最佳。旋入螺旋杆之后，用海马刀一端的支架顶住瓶口，另一只手缓慢拉起另一端的握把，垂直向上用力，将软木塞慢慢拔出来。为了避免酒液随着软木塞喷溅出来，可以在软木塞完全拔出之前停止，再用手小心拔出最后几毫米。中途遇到阻力过大的情况时，既不能突然用力，也不能左右扭转，这两种做法都容易导致软木塞折断。

软木塞在与葡萄酒接触之后，由于酒液随着时间的推移不断渗入，时间过长之后，内部变得湿软，老化的软木塞因此非常脆弱。这种情况下用海马刀开瓶，软木塞很容易被螺旋杆挤压破碎，很多时候需要分段拔出破碎在瓶口里面的软木塞，而用老酒开瓶器（Ah-so）或许能更容易解决这个问题。将老酒开瓶器的两块金属薄片左右摇晃着插入软木塞与瓶颈壁之间，全部插到软木塞底再旋转着缓缓向外拉，就可将软木塞完整地拔出来。

红葡萄酒在陈年过程中，软木塞与葡萄酒接触的部位会产生沉积，沉积的物质是单宁和色素等，在软木塞底部形成了一层薄膜。软木塞接触酒液那一端的状态在某种程度上可以反映葡萄酒的一些状态，因此也被称为"镜子"。如果"镜子"的颜色沉重、厚实，那么这款酒可能是陈年已久、单宁丰富、壮实的；如果"镜子"没有被染色，或者染色很浅，那么这款酒要么装瓶时间不长，要么就是成分比较淡薄。

谈到软木塞，就顺便谈葡萄酒的封瓶方式。现在葡萄酒有多种封瓶方式，自然软木塞、合成木塞、胶黏木塞，以及玻璃塞、金属螺旋盖等。这些封瓶方式各有优缺点，并非只有用自然软木塞的酒才是高档次的酒。软木塞本来是一个接近完美的封瓶材料，气闭性和耐久性都很好。但自然软木塞会有受到三氯苯甲醚（TCA）污染的可能，导致酒液产生发霉的纸板、腐烂的木头的气味。无论多高级的软木塞都可能产生这种污染，而且在没开瓶之前也无法预测是否受到了TCA污染。

胶黏塞是先将软木打碎，再以临界二氧化碳杀菌法处理后，胶合压制成木塞，这样既保留了自然软木塞的大部分特性，又完全避免了 TCA 污染问题，效果非常好。过去胶黏塞是低价酒的象征，不过随着技术的进步，现在很多售价昂贵的高档葡萄酒也有用胶黏塞封瓶的了，再也不能拔出塞子一看是胶黏塞就武断地认为是低价酒了。金属螺旋盖是一种很先进的封瓶方式，卫生、安全而又方便，在新西兰和澳大利亚的支持者最多。除了需要趁早饮用的酒款，一些顶级的、需要长期陈年的酒款也开始尝试使用金属螺旋盖封瓶。不过，虽然新的、高科技的封瓶方式如此之多，但很多人依然对传统的软木塞封瓶有所偏爱，这可能不能用安全、方便等因素解释，就是一种情结，割舍不了用开瓶器拔出软木塞那种感觉吧。

至于包括香槟酒在内的气泡酒，不需要使用

开瓶器，可以徒手开瓶。开气泡酒时，先用手剥掉封套、拧开铁丝，然后一手握紧木塞（俗称"蘑菇头"），另一手慢慢转动瓶身，让木塞旋转着缓缓向外移动，一旦有松动迹象，或明显感受到木塞受瓶内气压向外推的时候，应该用手施力压制，避免木塞突然弹出，要稍微露出一点缝隙释放压力，再完全取下木塞。那种摇晃瓶身之后将木塞"砰"地一声拔出或弹出的开瓶方法适合用在庆祝仪式上，日常饮用时这样开瓶会导致大量的酒液溢出，也会影响风味。讲究礼仪的人也会认为开瓶时发出过大的声音是一种失礼，理想的开瓶只会发出轻微声音，经常被人们形容为"贵妇的叹息"。气泡酒开瓶时软木塞有弹出伤人的可能，所以一定要注意安全。首先瓶口的方向不能对着人或易碎物品，另外全程都应保持手指不要脱离对木塞的控制，最好用布罩住木塞进行操作，这样即使木塞弹出也不至于发生危险，还能防止酒液喷溅。

－ 醒酒 －

很多人相信，饮用葡萄酒之前，提前一段时间把酒瓶打开，让酒在瓶中或者倒入另外一个容器进行透气，这样会让酒中沉寂的香气散发出来，口感也会改善，好像把在酒瓶中沉睡多年的酒唤醒，因此这个操作也有了一个很生动贴切的名字——醒酒。但是，是否有必要醒酒及如何醒酒却一直是各方争论不休、颇有争议的话题。

醒酒的方式之一是开瓶之后把酒留在原来的瓶中，让酒接触空气。开瓶之后把酒静置在瓶中，

因为瓶中的葡萄酒与空气接触的面积只有一枚硬币大小，酒液吸收的氧气微乎其微，可以忽略不计。因此，就算提前几个小时开瓶，酒也不会发生什么变化，除了蒸发掉微量的酒液，正面作用可能就只是散发掉原来酒塞和酒液间隙内不那么新鲜的气味了。照此方法让酒接触氧气或散去不好的气味是没有必要的，因为只要把酒倒入杯中这么一个简单的动作，远比这样开瓶透气的效果强多了。

醒酒的另外一种方式是开瓶之后，把酒倒入另外一个容器里放置一段时间，这个操作也可以叫作换瓶，这种容器通常叫作醒酒器。换瓶是传统的叫法，也叫换瓶除渣，这项操作也由来已久，目的是通过换瓶，把沉淀物留在原来的酒瓶里，在另外一个容器里得到澄清的酒液。因为酿酒技术问题，以前葡萄酒液的过滤澄清不够彻底，在装瓶之后都会产生很多沉淀物。红葡萄酒里的单宁会和花青素等结合沉积，白葡萄酒也会产生酸类物质的结晶和析出物，此外酒液里还有各种悬浮物，在酒瓶静置的时候沉淀到底部。就是现代工艺酿造的红葡萄酒，因为富含花青素、单宁和胶质，在装瓶较长时间之后也会出现沉淀物，这是正常的现象。当然，如果沉淀物出现在白葡萄酒里或年轻的红葡萄酒里就应该考虑是否属于正常现象。这些沉淀物如果不特别处理，会在倒酒的时候扬起，造成酒液混浊，甚至在最后几杯把沉淀物倒入到酒杯里。如果只有少量的沉淀物，而且能一直沉积到杯底倒无大碍，否则就会影响葡萄酒的口感，影响我们对葡萄酒结构、香气的认识，让本来顺滑柔和的葡萄酒变得坚涩粗糙。由此可见，如果酒瓶里有沉淀就应该进行换瓶操作，否则就没有换瓶的必要。

上面考虑有无必要换瓶的结论，仅仅是基于

换瓶的除渣功能的。但是，换瓶时除了除渣，在葡萄酒从酒瓶倒入另一个容器的过程中，还会与空气发生接触，会改变葡萄酒的风味表现，换瓶的这种功能可以称为"透气"。既然换瓶的功能有除渣和透气两项，那么决定是否需要换瓶就要考量这两方面的因素。换瓶的除渣功能暂且不论，对葡萄酒是否需要醒酒透气，各派观点不一。一种观点认为，所有的葡萄酒在饮用前都应该醒酒透气。对于陈年的老酒，因为长期处于缺氧的环境中，应该在开瓶之后让酒接触氧气，让酒"呼吸"，尽快释放出窖藏香气；对于年轻的新酒，充分"呼吸"可以加速氧化，类似人工加快了酒的陈年过程，让酒的单宁变得柔顺，口感得以改善。另一种观点认为，氧气对葡萄酒有百害而无一利，开瓶接触空气之后酒的品质就会逐渐下降，所有的酒都不应该换瓶，而应该在开瓶之后尽快饮用。对于有沉淀物的老酒，因为酒力羸弱，更经不起换瓶的折腾，更不应该换瓶，应该用轻柔的手法倒酒来尽量避免沉淀物扬起。就算最后因瓶底的酒非常混浊，而必须放弃一小部分酒，也是必要的、可以接受的代价。

上述的两种观点都过于极端，要么全换，要么全不换，肯定不能完全适合纷繁复杂、变化多端的葡萄酒世界。不过在现实情况中，第一种无论何种情况都要让葡萄酒充分换瓶透气的观点危险更大，一是因为这种观点的受众颇多，很多人认为这是理所当然的；二是按比例来说，市场上大多数的葡萄酒的确经不起这样的折腾，实际操作中"醒坏的酒"远远多于"未醒开的酒"。

比较客观全面的对于换瓶醒酒的观点应该依照以下三个原则：一是遇到有沉淀物的葡萄酒，有必要通过换瓶除渣；二是需要换瓶除渣的葡萄酒如果是陈年老酒，应该在饮用前一刻进行，尽量减少葡萄酒透气的时间和程度；三是对气味表现不够纯净、香气闭锁的葡萄酒有必要或说有可能通过换瓶透气加以改善，不过也应该注意透气的时间和程度。

第一个原则的理由无须赘述。

第二个原则的理由是因为老酒历经岁月的洗礼，香气可能变得很丰富而精细，但丰富并不等同于浓郁、浓厚，陈年而来的窖藏香气往往柔弱纤细，而且越是细腻而富于层次变化的那部分香气越是柔弱，老酒在换瓶过程中，就算少量的氧气也会使宝贵的香气大打折扣，如果大量或长时间的透气，那对老酒的损害可能是致命的。

第三个原则的理由有两点：一是对于存在过

度闭锁造成气味缺陷的葡萄酒，通过换瓶透气，增加酒液与空气的接触，可以加速缺陷气味的散发，但要注意这主要是因为散发面积加大而非氧化的作用。二是对于香气处于封闭阶段的葡萄酒，酒的初期和中期香气已经耗尽，但后期的陈年香气尚未充分发展，这时让酒液快速与氧气作用，可以加快陈年香气的显现。基于第三个原则而换瓶醒酒时，也要注意控制透气的时间或程度，因为不仅对老酒，就算对缺少强大的结构支撑的新酒，过度的透气也会对新鲜的花香和果香造成损害。

无论怎么说，在面对某些本来单宁强劲、结构宏大，但又陈年了较长时间的珍酿时，换不换瓶确实没那么容易决定，如果遇到刚刚饮用过这款酒，了解这款酒的状况，知道可否从换瓶中受益的人，听他的意见那是最好不过的了。如果没有把握，我们的建议是千万不要贸然行事，开瓶之后就把酒倒入一个硕大的醒酒器里，这可能会造成无法挽回的损失。最好的办法是倒入酒杯里，慢慢闻香，慢慢品尝，感受葡萄酒在杯中的变化，这样既能起到换瓶透气的作用，又因为杯子就在面前，葡萄酒时时刻刻受到我们的关注，无论透气是否对酒有益，我们都不会错过葡萄酒在杯中最美好的那一刻。

记住这句话，醒坏的酒远比未醒开的酒多得多。

4

◗ 品尝葡萄酒

　　品尝葡萄酒是一项技艺，而且颇有难度。难度不在于需要有敏锐的感观，而在于需要有心平气和的态度，愿意认识并接受葡萄酒，让它成为我们生活中的朋友。品尝葡萄酒有一定的主观性，但也有着一套客观的规律和程序需要遵循。虽然看来也只是吃吃喝喝这么简单而自然的事，但相关知识的学习了解也很重要。

　　葡萄酒与烈酒基金会（WSET）三级葡萄酒认证课本的封底有这样一句话："知而后品，识而后尝。"

– 葡萄酒的外观 –

不知从什么时候开始，红葡萄酒成了葡萄酒的代名词，人们习惯性地用红葡萄酒指代所有葡萄酒。其实，红葡萄酒并非葡萄酒，如同白马非马的道理一样，红葡萄酒只是葡萄酒的一种，只是一种红色的葡萄酒。葡萄酒可按颜色分为三种：红葡萄酒、白葡萄酒和桃红葡萄酒（也称作玫瑰红或粉红葡萄酒）。这是以大类区分的三种，实际上葡萄酒的颜色因为葡萄品种、产区、酿造工艺、陈年时间的不同而千变万化。严格来说，红葡萄酒也不是"红"色的，大多是"紫红"或"宝石红"等色；白葡萄酒更不是"白"色的，而是"金黄"或"浅黄"等色。

·葡萄酒依据颜色的分类

世界上绝大多数酿酒葡萄的果肉都是没有颜

色的，压榨出来的葡萄汁也是无色透明的。葡萄酒的颜色来源于葡萄皮，葡萄皮含有花青素，呈现出红、蓝和紫的色调。酿造中如果有足够的浸皮发酵过程，葡萄汁充分萃取了葡萄皮中的色素，最后酿成的就是红葡萄酒。如果仅仅少量浸皮萃取了葡萄皮中的色素，那得到的就是桃红葡萄酒。显而易见，没有浸皮萃取的葡萄汁发酵酿成的就是白葡萄酒。桃红酒的颜色虽介于红葡萄酒和白葡萄酒之间，但法国规定不允许用红葡萄酒和白葡萄酒来混合调配桃红酒。只有在酿造桃红香槟时才允许用少量红葡萄酒调成最终的颜色，但也不是讹传的桃红香槟可以用红、白香槟混合调配。

· 红葡萄酒的颜色

　　红葡萄酒一直被视为葡萄酒的代名词，很多人仿佛都忘了还有白葡萄酒和桃红葡萄酒的存在。红葡萄酒是葡萄树之血液的象征，在某些宗教里也是神的血液的象征，也正是因为它那鲜艳夺目的红色。人们喜欢象征的热情、喜庆的红色，无论是在酒杯里流光溢彩的光芒，还是在橡木桶上淡红的酒痕，甚至溅射到衣物和桌面上的酒渍，都能让人感受到视觉上的愉悦。红葡萄酒的红色非常丰富，有从浅红、宝石红、石榴红、砖红和泛蓝、泛紫，甚至近乎发黑等各种红色。红葡萄酒颜色如此丰富的成因非常复杂，反过来说，颜色也透露了酒的很多特性。比如因为花青素和酸的反应，色泽鲜艳明亮的酒一般酸度会比较强劲，色泽深沉带蓝紫光的酒一般酸度就会比较柔和。再如因为花青素和单宁的反应，色泽浓重明亮的酒都是比较年轻的，单宁也比较强劲；色泽变淡的如砖红色、棕色的酒就是经过岁月洗礼的，单宁也比较柔和。至于那些不好用具体词语形容的，产生类似年代久远的桃花心木家具"包浆"后感觉的，一定是经历了数十年甚至上百年的伟大酒款。

·白葡萄酒的颜色

白葡萄酒的颜色就是一系列的黄色，浅黄、柠檬黄、稻秆黄、棕黄到琥珀色都会在白葡萄酒的世界里出现。相比红葡萄酒，白葡萄酒的颜色是非常微弱和浅淡的，但越是这样，白葡萄酒里颜色的成因越是难以琢磨明白，至今还是个未解的谜团。白葡萄酒的颜色也会随着时间变化。当白葡萄酒在瓶中陈年时会逐渐呈现金黄色；当白葡萄酒氧化程度增加时会呈现棕黄色，最终会演变成琥珀色。长期陈年的白葡萄酒酒核看起来会是浑厚的棕色，酒缘则是透亮的金色，这与陈年的红葡萄酒是相似的，两种酒款在饱经岁月之后呈现出了很多相同的特点。

·桃红葡萄酒的颜色

桃红葡萄酒的颜色介于红葡萄酒和白葡萄酒之间，颜色对于桃红葡萄酒的重要性远远大于红葡萄酒和白葡萄酒。饮酒者品尝桃红酒时色泽对整体感受的影响非常大，法国专业内有"桃红酒的魅力，一半来自于它的颜色"的说法。前面说过红葡萄酒的颜色变化多端，但相比之下桃红酒的颜色更加丰富多彩，而且为了充分展示颜色，桃红酒都装在无色透明的酒瓶里，让桃红酒无论摆在橱窗里还是餐桌上都会是夺人眼球的亮点。桃红酒的颜色表现与酿造工艺、葡萄品种都有关系，但相对来说还是与葡萄品种的关系更为密切。例如佳丽酿（Carinan）酿造的桃红酒会表现为石榴红色；佳美（Gamay）会表现为樱桃一样的粉红色；品丽珠（Cabernet Franc）表现为特有的粉紫色；歌海娜（Grenache）表现为浅紫红色。

· 葡萄酒颜色的观察方式

历史上法国一些传统产区的人们习惯把葡萄酒的颜色表达为"葡萄酒的外衣"，形容颜色漂亮时就说"身着一袭漂亮的外衣"，形容颜色浅薄时就会说"穿得很少"。这种表达方法真是传神，拟人化的形容让葡萄酒显得更加具有灵性。葡萄酒的颜色的确像人们的衣着一样，会向饮酒者透露很多自身的秘密，包括它的品种、产地和年龄等。虽然酒是用来喝的，但品鉴的过程往往都是从观看颜色开始的，观察并尝试描述、比较葡萄酒的颜色也是品酒不可或缺的乐趣之一。观察葡萄酒的颜色时，可以将酒杯倾斜，让杯内的酒液摊开形成不同的厚度，以便审视酒液较厚的酒核与较浅的酒缘（可以叫水样边缘）的不同，当具有了丰富的品酒经验，这样的观察能探查出葡萄酒的许多秘密。观察颜色时，应该以白色的桌布或碗碟为背景，还要注意光源色温和强度对颜色的影响。如果在浪漫的烛光下晚餐，因为色温昏黄和光线太弱，每一杯葡萄酒的颜色看起来都差不多是一样的，让人无法分辨。当然如果在这样的场合，与其观察葡萄酒的颜色，不如把注意力放在同伴的眼神和面容上更为美妙。

· 葡萄酒的清澈度

葡萄酒是清澈还是混浊取决于酒液中悬浮物的多少，这些悬浮物有酵母、色素、酒石酸结晶等成分。现代的酿酒工艺下，酒液在经过澄清、过滤等工艺处理之后，装瓶之后基本都是清澈的。但清澈度的高低并不能代表葡萄酒的品质高低，很多清澈透亮、色彩健康的酒也不过是品质平庸之辈。葡萄酒是否清澈饮酒者非常容易判断，难点在于对出现混浊的酒的正确认识。葡萄酒出现混浊但又并非健康出现问题的有两种情况，一是长期陈年的老酒因为单宁、花青素等聚合物的形成以及酒石酸的结晶而造成的混浊，不过这种混浊物在酒瓶长期静止后往往形成聚集在瓶底的沉淀、附着在瓶壁上的薄膜以及瓶塞底部的结晶，这对饮用的口感没有影响。二是酿造过程中酒液未经过深度的澄清和过滤，甚至未经过滤，以免过滤的同时将对葡萄酒有正面作用的颜色和风味物质同时去除掉，用以增加葡萄酒的颜色和风味，这是酿酒理念和价值取向的表现，非但不是品质问题，而且还可能是一款有个性的好酒。当然，如果本来应该清澈透明的葡萄酒出现混浊或悬浮物就是品质出现了问题，有可能是过度氧化、细菌感染或铜破败反应等原因造成的。

·**葡萄酒的眼泪**

摇杯之后附着在杯壁上的酒液向下流淌时会

形成不规则的条状痕迹，有些法国人称之为"眼泪"（larmes），意为"葡萄酒的哭泣"或"葡萄酒的眼泪"，这或许是最为浪漫和多愁善感的称呼。除此之外也有更多的人称之为"酒腿"（jambes），就形象来说也是非常贴切的。我们中国人则简单明了地称之为"挂杯"。

挂杯现象的成因是"马兰戈尼效应"，具体来说是因为酒精易挥发，摇杯后挂在杯壁上的酒液在酒精挥发后含水率就比杯中葡萄酒液面的酒液

大，因而表面张力变大，对液面上的葡萄酒液形成拉力，让酒液沿着杯壁上升，上升一定高度后又凝结成酒滴下滑。挂杯明显与否只与酒精含量有关，流传已久的除了酒精还与甘油、干浸出物的含量有关的说法是不正确的。因此，挂杯现象只能判断酒精度数的高低，并不能作为判断品质的依据，毕竟不是度数越高的酒品质也越高。不过，用挂杯的情况来判断酒杯清洗得是否干净却更为靠谱，因为不干净的酒杯很难产生挂杯现象。

·葡萄酒的气泡

葡萄酒中的气泡应该分为气泡酒的气泡和静止酒的气泡两种。静止酒就是无气泡酒，貌似不应该有气泡，但当发酵过程中产生的二氧化碳、作为防止氧化的填充物的二氧化碳以及装瓶时为减少木塞打入时的气体阻力而在瓶中空隙填充的二氧化碳，溶解在酒里的浓度接近饱和边界时，在晃动或温度升高时就会在酒瓶或酒杯里产生微量的气泡。这是正常现象，并较多出现在白葡萄酒里。还有一种情况就是酿酒师刻意在果味明显的酒里保留较多的二氧化碳，让口感有一点碳酸饮料的感觉，喝起来比较清爽新鲜，这种酒也可以叫作"微气泡酒"。

- 葡萄酒的香气 -

总有人怀疑葡萄酒里的香气就像皇帝的新装一样，是人云亦云，其实并不存在。但无论是饮酒者用鼻子感受到的，还是科学家用分析仪器测量到的，葡萄酒里的香气确实存在，并非人们的幻想。葡萄酒的香气来源于其所含有的各种香气分子，不同数量和类型的香气分子组合成了多种多样的香气。虽然香气分子在葡萄酒里的含量非常低，但种类却特别多，迄今为止，已发现并证实的香气分子超过了一千种。虽然就果实而言，葡萄的香气较橙子、草莓、苹果等相比都很微弱，但葡萄果实里包含着大量个性鲜明的潜在气味元素，有些原始气味直接表现在酒里，有些则必须经过发酵和陈年的过程之后才能展现出来。

·葡萄酒的初期（品种、原始）香气

初期香气也可以叫品种香气、原始香气，是葡萄果实本身所具有的香气，指的就是"果味"。影响初期香气的因素有葡萄品种、产区风土、种植条件等。初期香气的代表就是用麝香葡萄（Muscat）酿造的葡萄酒，这种酒的特点是香气构成基本上都是以初期香气为主，因此闻起来果香纯净优美，就像在口中嚼碎一颗葡萄后的气味。这也是少数可以尝到葡萄香气的酒款，大多数的酒有柠檬、柑橘、李子、樱桃等水果的香气，可就是极少有葡萄的香气，虽然都是用葡萄酿造的酒。

葡萄酒的初期香气通常都有花香。葡萄酒分红葡萄酒和白葡萄酒，葡萄酒中的花香也分红色花朵和白色花朵的香气，而且对应的是红色花朵的香气通常出现在红葡萄酒里，白色花朵的香气通常出现在白葡萄酒里。属于红色花朵的香气有紫罗兰、玫瑰、丁香等，属于白色花朵的香气有槐花、椴花、山楂花等。很多红葡萄酒里都有紫罗兰的香气，其原因是几乎所有葡萄果实里都有类胡萝卜素，虽然类胡萝卜素本身并没有气味，但在发酵的过程中，它会分解为较小的分子，其中一部分小分子会转化为具有挥发性并产生气味的β紫罗兰酮，显而易见这就是紫罗兰香气的来源。虽然很多红葡萄酒里都有紫罗兰的香气，不过最典型的紫罗兰香气通常出现在采用了高比例品丽珠（Cabernet Franc）酿造的梅多克（Medoc）红葡萄酒和采用西拉（Syrah）酿造的北隆河谷（North Rhone Valley）红葡萄酒中。

玫瑰的香气最常出现在内比奥罗（Nebiolo）酿造的红葡萄酒中。玫瑰的香气最值得一提的是它是少数的能出现在白葡萄酒中的红色花朵香气，这种白葡萄酒是莫斯卡托（Moscato）。玫瑰的香气香甜，喜欢的为之着迷，不喜欢的谓之艳俗。

槐花的香气在白葡萄酒中是常见的，在干型

的霞多丽（Chardonnay）、雷司令（Riesling）中、香槟（Champagne）中都较为常见，都是清爽雅致的。

椴花的香气与槐花相比有一点略带蜂蜜味的香甜，经常在陈年的干白葡萄酒或甜酒中出现。但用白诗南（Chenin Blanc）酿造的无论是干型、甜型还是贵腐酒都会经常出现椴花的香气。

葡萄酒的初期香气中也有果香。与上面谈到的花香相似，红色的水果香气通常出现在红葡萄酒中，绿色水果的香气通常出现在白葡萄酒中。属于红色水果的香气有覆盆子、黑醋栗、樱桃等，属于绿色水果的香气有柠檬、柚子、柑橘等。

·葡萄酒的中期（发酵、酿造）香气
中期香气来自葡萄发酵的过程，发酵时葡萄汁中的糖在酵母的作用下分解为酒精（乙醇）和二氧化碳是主要的反应，其他的副反应则产生了许多醇类、醛类和酯类等赋予葡萄酒香气的分子。这些香气分子的多寡和性质取决于葡萄品种和发酵条件，具体包括发酵的温度、时间、酵母种类、酵母营养素含量等。这些香气分子虽然跟大量产生的酒精相比只占很小的比例，但在形成葡萄酒迷人的香气中作用非凡，影响甚至主导了葡萄酒的香气表现。这些醇、酯、酸和醛等分子可以表现为人们熟悉、可辨别的香气，比如乙酸乙戊酯就是香蕉的香气成分，异戊酸苯乙酯是苹果的香气成分，丁酸甲酯是菠萝的香气成分，双乙酰是奶油和榛子的香气成分。

除此之外，发酵过程中还会产生荔枝、梨、杏子、桃子、蜂蜜、桂皮等纷繁复杂的香气。

中期香气的挥发性很强，每当葡萄采摘季节，发酵罐里散发出的这种香气特殊浓郁，弥漫在整个酿酒车间。不过这种香气具有容易消失的特点，很多香气在发酵结束几个月之后就会消失殆尽，很难让饮酒者在开瓶后品尝得到。当然，这些香气成分也不会凭空消失，它们和品种香气一起开始了向窖藏香气发展的历程。不过随着酿酒技术的进步，一些葡萄酒在长期陈年之后仍然保留着丰富的品种香气和酿造香气。陈年的最高境界就是成熟而不衰老，让葡萄酒既能保留原有的香气，又能出现原来没有的香气，让老酒保持活力。

·葡萄酒的后期（熟成、窖藏）香气

后期香气主要是指葡萄酒在密封的酒罐、玻璃瓶中窖藏以及使用橡木桶培养而产生的香气。后期香气在葡萄酒的三种香气类型中显得最为神秘，就算科学发展到了今天的地步，葡萄酒在这个阶段的香气转变还是人们无法完全用科学诠释的秘密。后期香气如果再进行细分，可分为培养过程中产生的闭锁气味、培养过程中产生的氧化气味和在橡木桶培养产生的气味三种。

在葡萄酒培养的最初几年，严格控制酒液与氧气的接触，香气的发展过程为还原反应，产生的就是闭锁气味。适当微量闭锁气味的产生会增加葡萄酒香气的复杂性，但如果过于浓烈就会有负面的影响，比如汗臭味、蒜腥味等不干净的气味。

氧化气味的产生原因与闭锁气味的产生原因刚好相反，就是酒液与氧气发生的化学作用，产生了以醛类为主的物质，表现为苹果、杏仁、核桃等气味。不过氧化作用要控制在一定的限度之内，否则过度氧化对葡萄酒绝对是一种伤害。

葡萄酒在橡木桶中培养的香气越来越受酿酒

师的重视和饮酒者的喜爱，橡木桶不仅是可以当作酿造和储存、运输葡萄酒时的容器，更重要的作用是赋予葡萄酒复杂、丰富的香气，其中主要有烘焙、香草、焦糖、奶油等香气。橡木桶的作用复杂而有趣，本书有专门章节介绍，这里就不再赘述。

葡萄酒陈年之后的香气复杂而又协调，温和而又优雅，糅合各种香气于一身。不过只有品质优秀、底蕴深厚的葡萄酒在时间的历练之下才能发展出窖藏香气。品质一般的葡萄酒的香气发展只能停留在中期的发酵阶段，不具备陈年蜕变的潜能。这种酒不具有陈年的价值，既不会发展出令人期待的窖藏香气、品种香和发酵香，又会随着时间逐渐消逝，陈年只会得不偿失，不如趁早饮用。

·有缺陷的葡萄酒气味

都说葡萄酒是有生命的，有生命的东西都可

能出现健康问题。无论是葡萄生长的时期，还是香气形成的初期、中期和后期，葡萄酒都可能出现或多或少的小毛病，甚至是大问题。

其中最常见的就是葡萄酒过度氧化造成的缺陷，过度氧化的葡萄酒，轻则会表现出陈旧、老化的风味，重则会产生醋味，品尝起来会非常刺口。

另一种是闭锁造成的缺陷，过度闭锁的葡萄酒会出现硫黄味、臭鸡蛋味等污浊的气味。

还有一种与上面说的闭锁造成的缺陷，字面上很接近但却不同的现象就是葡萄酒的封闭，当被描述为香气很封闭时，葡萄酒应该处于初期和中期香气业已耗尽，但后期的陈年香气尚未发展出来的低谷阶段，此时葡萄酒的香气非常微弱低沉。遇到这样的酒，要么让它继续陈年，要么醒酒透气, 让酒液快速与氧气作用, 唤醒沉睡的香气。要注意香气微弱低沉的葡萄酒并不一定都处于封闭状态, 其中有些是因为葡萄酒已经"死亡"了, 花香、果香已经耗尽, 但也没有产生陈年香的基础条件, 这样的酒无论你怎么醒酒和陈年都无回天之力, 只能是一瓶死气沉沉的酒精饮料。

除此之外, 葡萄酒还可能因细菌感染、发霉、软木塞污染、外界异味侵入等产生各种有缺陷的气味。

· **葡萄酒里的怪气味**

这里说的"怪"气味, 并不是等同于前面说的葡萄酒里有缺陷的气味, 而是指一些出乎人们意料、让人惊叹竟然会出现在葡萄酒里的"不寻常"的气味。

葡萄酒里有石头味，与葡萄酒有关的主要有化石、燧石和白垩的气味。虽然这些矿物质不具有挥发性，因此不应被嗅觉感受得到，但一些葡萄酒里确确实实存在着矿物质的味道。比如夏布利（Chanlis）产区的某些霞多丽（Chardonnay）就能酿造成酸爽、干瘦、带有矿石气味的白葡萄酒。普依芙美（Pouilly-Fume）产区酿造的长相思（Sauvignon Blanc）白葡萄酒更是以明显的矿石味闻名，而且还是烟火熏烤过的矿石味。葡萄酒里的花香、果香都是柔软、温热的香气，而石头味则是硬朗、凉爽的香气，这一软一硬、一冷一热如果能交织、激荡在同一杯酒里，那一定是一杯让人迷恋而激动的好酒。

　　葡萄酒里有烟味，包括相关的烟草、雪茄、雪茄盒、雪松和烟熏味。就算不吸烟，并且很讨厌烟味的人，对葡萄酒里出现的这些气息都特别喜爱。

这些气味出现在酒里时不会过分浓重, 大多是细致优雅的, 让酒的香气变得更加的丰富而尊贵。这些气味来自橡木桶, 通常都是品质极佳、价格昂贵的橡木桶, 而且和制桶过程中的烘焙程序有重要的关系。想要体验经典的带有烟草气味的葡萄酒, 那就开一瓶梅多克产区波雅克村 (Pauillac) 的红葡萄酒吧, 当然陈年的更好。

葡萄酒里有动物味, 包括皮革、皮毛、肉汁等气味, 甚至还有动物排泄物的气味。白葡萄酒中最常见的长相思 (Sauvignon Blanc) 中的猫尿味, 这是长相思的典型香气, 长相思的爱好者对这种香气早已习以为常了。不过这种香气虽然特别但不够优雅, 只有混合在百香果、黄杨木苞芽等新鲜奔放的气味中增加复杂性才是它最大的作用。在红葡萄酒中最常见的皮革香气, 是酒里的单宁与死掉的酵母中蛋白质结合之后产生的气味, 因为这种气味分子与皮革制造中鞣皮过程中产生的气味分子相同，因此被当作皮革味。鞣皮时也是用单宁处理皮革，单宁与皮革中的蛋白质反应就产生了这种香气。令很多人难以相信的是葡萄酒里竟然还有粪便味，并且是对酒的香气有正面影响的气味。其实，严格来说是被称作粪臭素的3-甲基吲哚的气味，这种化学成分表现为香与臭之间的差别就是因为浓度的差别。3-甲基吲哚以高浓度存在于粪便中时会产生令人作呕的臭味，但经过大量稀释，在极低浓度下则截然不同地表现为香味，比如白色花朵的香气、过熟水果的香气和麝香。3-甲基吲哚作为香料在干果制作、香烟增香和香水调配中都有应用。存在于葡萄酒中的3-甲基吲哚，在葡萄酒年轻时呈现的是淡雅的花香，熟成之后就展现出麝香、皮毛、野性的气息，甚至带有一点臭烘烘的气味了。在成熟的陈年黑皮诺（Pinot Noir）、美乐（Merlot）、西拉（Syrah）红葡萄酒中都容易出现麝香和皮毛味，相比之下黑皮诺的会更加优雅一点，而能出现让人愉悦的"臭"味的很大可能就是上好的勃艮地黑皮诺（Pinot Noir）了。还有茉莉花的香气分子乙酸苄酯在氧化之后也会出现动物的气息，综合来说年轻时白色花朵香气丰富的酒，陈年之后越容易出现动物的气味。

·品鉴葡萄酒香气的方法

葡萄酒的外观、香气、口感都可以给饮用者带来美好的感官体验，而其中的香气应该是最为丰富和复杂的，嗅觉比其他任何感官都能更快速准确地评判葡萄酒的品质。虽然葡萄酒是用来喝的，但饮用葡萄酒的乐趣一大半来自感受香气，举杯便一饮而下的喝法显然不适合用来享用优质的葡萄酒。葡萄酒的香气变化多端，沁人心脾，学习品鉴葡萄酒香气的方法和技巧，并尝试表达自己的嗅觉感受，用语言描述那些或者清晰可辨，或者若有若无的香气特征，享用葡萄酒的过程才会完整无缺，得到的享受才会淋漓尽致。

葡萄酒的闻香过程可以分为五个阶段，可将其称为"闻香五步曲"。

第一步是在酒杯内倒入三分之一到五分之二满的葡萄酒之后，让葡萄酒表面保持静止，闻葡萄酒所散发出来的香气，这时闻到的是香气中最具有挥发性的成分，通常与下面几个步骤闻到的香气大不相同。但这时闻到的香气都比较轻柔，不能作为判断葡萄酒香气质量的依据。

第二步是摇动葡萄酒杯，让酒液扩散面积加大，同时加速与空气的接触氧化过程，能让葡萄酒的香气更加浓郁和鲜明，这时闻到的香气更为丰富和清晰。当然，这一步的闻香程序可以重复操作，以获得对香气全面而细致的认识。

第三步是激烈振荡葡萄酒，与第二步平稳、规律地摇杯不同，把酒液摇得更高、更快，再穿插急停、反转等动作，之后再闻酒杯中的香气。这样做的目的有两个：一是让大量的氧气快速渗入酒液，加快葡萄酒的氧化过程，以此打开香气闭锁的葡萄酒；二是经过前两步闻香察觉葡萄酒可能存在腐败、氧化、硫化等缺陷气味时，借此方法扩大缺陷气味的表现，以获得清晰的判断。因此，如果没有香气闭锁和缺陷气味的出现，这个步骤是可以省略的。

第四步是喝一口葡萄酒到嘴里，先紧闭嘴唇下颚做咀嚼的动作，这个动作如同吃食物，都是咀嚼一下才能尝到味道。然后微张嘴唇，吸入一点空气，这样更有助于香气的释放。这个步骤操作之后，香气顺着后鼻咽管入后鼻腔，闻到的是通过后鼻腔回溯的香气，有可能察觉到在前两个步骤中未察觉的香气。

第五步是当酒杯清空之后，嗅闻空杯的香气。空杯闻香是品尝烈酒常用的方法，同样也适合品尝葡萄酒。虽然很多葡萄酒在空杯之中没有与之前步骤不同的香气，甚至都没有什么香气，但如果是经过优质橡木桶陈酿的葡萄酒，则会清晰感受到橡木桶带来的气息。

· 品鉴葡萄酒香气的注意事项

闻香吸气的动作要缓和，因为急于辨别香气而急促地吸气会适得其反。

每次吸气闻香的时间不要过长，一般不要超四秒，否则因为嗅觉"入芝兰之室，久而不闻其香"的适应特性而闻不出香气。两次闻香之间要有足够的休息时间让嗅觉稍事休息以避免迟钝，并在此时呼吸外界的新鲜空气以恢复鼻腔中"无味"的标准。闻香必须精神专注，充分相信自己的感受，减少外界的干扰。

品尝第一杯酒和之后的每杯酒之间不应该用水漱口，以将要品尝的酒漱口是最佳的做法。

酒杯数量有限，需要用同一个酒杯品尝另一款酒时，以将要品尝的酒涮杯也是最佳的做法。如果不能保证把涮杯的水擦干净，宁可不涮杯也不应该用水涮杯。除非前一款是种类截然不同而且气味浓烈的酒，否则很容易在新酒倒入摇杯之后消除前一款酒的影响。

·嗅觉的锻炼方法

欣赏香气是葡萄酒品鉴中最重要的一部分，占有了葡萄酒品鉴乐趣的大半。但是，相对于视觉上的看，口感上的尝，人们嗅觉上闻的能力似乎总是让人没那么有信心。特别是葡萄酒的初学者，总是抱怨自己的鼻子不够灵敏，闻不出葡萄酒里的香气来。与动物相比较，人类的嗅觉确实是比较迟钝了。对于生存在自然环境中的动物来说感官的灵敏性关乎自身的安全，嗅觉是侦查视线之外敌人的有效工具。人类的祖先生活在丛林之中时，嗅觉的功能与动物没什么不同，只是后来随着人类文明的进步，依赖嗅觉保证安全的机会越来越少，嗅觉开始了一定的退化。不过，就算现在的人类，嗅觉器官的机能也没有想象中的差，只不过相对于视觉和听觉，我们对嗅觉的使用非常少，是一种废用性的"退化"。不过，人们要想增强自己的嗅觉敏感性非常简单，方法就是在日常生活中增强对饮料、食物和环境等"品尝香气"的意识，多使用嗅觉这一感官，逐渐就会发现自己的鼻子越来越敏感了。谁都有辨别葡萄酒中香气的能力，这是正常人都有的天赋，只不过是普通人的嗅觉能力大部分进入了睡眠状态，需要唤醒，学习品尝葡萄酒可能就是唤醒嗅觉的最佳契机。相对于视觉、听觉和味觉，嗅觉的提升空间更大，难度更低。鼻子内嗅觉细胞的更新速度很快，正常人根本不用担心鼻子这个器官本身的功能。

市场上有一些专门训练品酒师嗅觉的工具，例如"酒鼻子"，其实除非特定的专业人士，对一般人来说没有必要，嗅觉的锻炼完全可以在日常生活中完成。在日常生活中注意嗅觉的作用，让听到的、看到的、尝到的和摸到的感受与嗅觉联系起来，在用听和看等这些感官的同时也要想起嗅一嗅气味，并尝试用语言来表达这种嗅觉感受，慢慢的，你的感观世界会丰富、立体起来。比如，走在清晨的树林里，可以看到嫩绿的树叶，可以听到轻柔的风声，这时也要注意嗅觉的感受，闻一闻绿叶的气味、青草的气味和露水沾湿的泥土的气味。当你描述一处风景时，如果自然而然地能使用描绘气味的词语时，你的嗅觉能力肯定能满足成为葡萄酒大师的要求了。

　　用餐时是最应该充分发挥嗅觉能力的时候，但事实上很多人都没有这样做。很多人对食物的享受只限于外观、味道（酸、甜、苦、咸、鲜）和质感上。比如很多人表述吃牛肉的感觉，往往会说"很嫩""很劲道"这些表述质感的词语，或者"酸甜适中""鲜美可口"这些表述味觉的词语，而非常少见表述嗅觉的词语。用餐是锻炼嗅觉的最好机会，葡萄酒爱好者要比平常人更注意欣赏食物的气味，这可能也是为什么大多数葡萄酒爱好者都是美食爱好者的原因。

　　菜市场、水果店、公园等场所也是锻炼嗅觉
的好地方，不用花钱就可以尝试各种植物、水果、
香料和自然界的各种气味，只要用心就可以。

　　不过，初学品鉴葡萄酒的朋友完全没必要在
香气的辨别面前过于紧张，一开始没必要要求自
己闻到并描述出是具体哪种香气，只要闻得出是
让人愉悦的香气就行了。经过一段时间逐渐能分
出香气的大类，比如花香、果香等就已经很好了。

　　喝葡萄酒就像做白日梦，要释放你的想象力。
如果你一直试图分析葡萄酒，以证明你的味觉有
多敏感，那就是浪费了葡萄酒。

— 葡萄酒的口感 —

　　无论欣赏外观和嗅闻香气能带来多大的感观享受，品酒时人们最期待的还是把葡萄酒喝入口中的那一刻。

苦
酸
咸
甜
单宁主要由牙床感知

　　人类生来就有用嘴巴去感受外界事物的本能，这点从婴儿抓到任何东西都想送到嘴巴里尝尝就可以证明。何况葡萄酒就是专门酿造出来供人们饮用酒精的饮料，还得是入口为快。葡萄酒入口之后，各种味觉分子与舌头上的味蕾相互作用，刺激味蕾产生神经信号传入大脑，大脑将口腔中众多感觉细胞传过来的信息集合在一起并加以解读，整合出葡萄酒口味的图景全貌，给人以美妙的味觉体验。葡萄酒入口之后，口腔主要感受的是糖、酸、单宁和酒精给予口腔的感觉。

·甜

葡萄酒的甜度主要由含糖量决定，干型葡萄酒是不含糖或含糖量非常小的葡萄酒，从半干、半甜到甜型，含糖量依次增加。虽然人类天生有嗜甜的喜好，但现在大多数的葡萄酒，特别是红葡萄酒都是干型的，这是在长期的发展中依据口味和健康做出的选择。对很多刚刚接触葡萄酒的人来说，口味上摆脱或减轻对甜的依赖是一个重要的过程。甜味的确可以给人带来愉悦感，但如果没有其他味道的支撑和配合，一是味道会显得单调，二是喝多了会让人腻得难以下咽。甜味只是众多味觉和嗅觉体验中的一部分，并没有可以替代其他味道的特殊地位，饮用葡萄酒的基本口味追求应该是丰富而均衡，如果一味地追求强烈的甜味，那不如就去喝糖水好了。

除了糖，酒精也会赋予葡萄酒甜味感。同样含糖量的葡萄酒，酒精度数高的会显得更甜。就算不含或含糖量非常少的干型酒喝起来也总会有一点甜味，而正是这种酒精产生的甜味抗衡了酒里的酸与苦，否则后两者会过于突兀。其实正是因为这种特性才让我们能够酿造出无糖而又口感均衡的葡萄酒。

此外，葡萄酒里的甘油也有甜味感，只不过与前两者相比影响实在有限。甘油主要的效果是给葡萄酒"增肥",让葡萄酒的口感显得肥硕圆润。

·酸

葡萄酒中含有种类繁多的酸,其中有直接来自葡萄果实的酒石酸、柠檬酸和苹果酸等,也有来自发酵过程中产生的琥珀酸、乳酸和醋酸等,种类过百种。除了种类繁多,葡萄酒里的酸含量也很大,每升葡萄酒含酸2.5~8克。葡萄酒的PH值在3~4之间,可以说是最酸的天然饮料。很多止步于葡萄酒门外的人,就是因为对酸的抗拒。

酸味在葡萄酒的口味里地位特别重要,有人形容酸是葡萄酒的血肉,是给予葡萄酒活力和新鲜感的成分。酸对味蕾有强烈的刺激作用,可以让整个味觉神经都兴奋起来。像德国的雷司令(Riesling)、夏布利的霞多丽(Chardonnay)和一些香槟(champagne)等,都可以酸得让人精神为之一振。很多人非常喜欢体验那种一大口冰凉的雷司令（Riesling）入口打转之后咽下，那锋利的酸度从鼻后腔穿过眉心，再直冲头顶的那种感觉，真是让人震颤。如果缺乏酸度，那绝对是葡萄酒的重大的缺陷，就像经过多次沸腾温暾的白开水，酒没了精神，让喝的人也打不起精神来。如果是白葡萄酒，那更加严重，可以说是致命的缺陷了。

此外足够的酸度也是保证葡萄酒经得起陈年的重要因素，高酸和高糖、高酒精、高单宁都可以让葡萄酒能够抵抗细菌和氧气的侵袭而经得起陈年。还有，高酸度还可以让葡萄酒中新鲜的果香经久不散，很多寒凉产区的白葡萄酒虽然酒精度不高，却能历久弥新就是因为这个道理。

·单宁

单宁是酚类物质的总称，饮用葡萄酒时口腔

内的涩感，就是因为单宁与人口腔皮肤和唾液里的蛋白质发生凝结反应而形成的。很多植物中都含有单宁，红葡萄酒中的单宁来自葡萄果实的皮、籽以及果梗。来自葡萄籽和梗的单宁比较粗糙；来自葡萄皮的单宁比较细致圆润。不过，单宁的质量与成熟度关系非常高，成熟度不高时单宁生硬而青涩。白葡萄酒因为不经过浸皮发酵，所以单宁含量非常少，可以忽略不计，所以一般品酒时对于白葡萄酒都不会谈到单宁的问题。除了颜色以外，这也是红葡萄酒和白葡萄酒的最大差别。

在人们一般的经验里，涩总是一种负面的口感，酸与涩之中，相对于酸，涩好像更难以让人接受。红葡萄酒因为单宁的作用具有明显的涩感，这也让一些初学者无从面对，甚至很多人在初次品尝了第一口之后就放弃了对红葡萄酒的追求。

其实单宁是红葡萄酒里不可或缺的重要成分，正是因为它的涩感，让舌面、牙龈、上颚等部位造成收缩聚拢的感觉，产生了葡萄酒的结构力度，是支撑葡萄酒的骨架。甜、酸、酒精和香气等葡萄酒的口感元素都要在单宁的支撑下才能聚合在一起构成完美的风味。如果说葡萄酒的整体口感风味是一幢房子，那么单宁就是房子的梁柱。缺少酸度的酒是温暾的，缺少单宁的酒则是软趴趴的。

此外，单宁是红葡萄酒得以陈年的重要因素。单宁非常容易与氧气结合发生反应，酒瓶中非常缓慢渗入的氧气首先会被单宁"抢"去消耗掉，因此对葡萄酒中其他成分就产生了抗氧化的作用，保护葡萄酒安全地陈年发展，慢慢熟成。随着葡萄酒的熟成，小分子单宁、中分子单宁会逐渐结合成大分子单宁，而大分子单宁化学性质相对比较稳定，不容易产生涩感，因此葡萄酒的口感变得越来越柔顺。另外，单宁与花青素结合产生结晶，沉淀对葡萄酒口感的改善也会有同样的效果。年轻时候单宁强劲、生涩硬朗的酒反而具有陈年的潜力，经过岁月的洗礼将会成长为温醇大度、底蕴丰厚的佳酿。

·酒精

酒精是葡萄酒的灵魂，葡萄酒里的各种成分能够直接作用于大脑，让人放松并产生欣慰感的只有酒精。酒精是情感的催化剂，是友谊的润滑剂。酒精是饮酒之乐的基本源泉，是葡萄酒对饮用者产生作用的根本力量。

除了精神上的作用，酒精在葡萄酒的美味构成里也是一个不可或缺的角色。不过，酒精往往被要求做美味的幕后英雄，嗅闻不能冲鼻子，入口也不能太灼热，酒精味不能盖过其他的味道。在气候炎热的地区，由于葡萄果实的成熟度非常高、含糖量非常大，经发酵后的葡萄酒酒精度数偏高，就会出现酒精味特别明显的问题。虽然有人喜欢这种"有酒劲"的葡萄酒，特别是那些刚刚从饮用烈酒转为饮用葡萄酒的人，但毕竟这是葡萄酒失衡的一种表现，禁不起认真的品鉴。一些走下坡路的陈年老酒也会出现这样的问题，因为香气衰退，酒精味突显出来，变成了一瓶单调无趣的酒。

酒精在葡萄酒美味中的作用，首先是其甜润感能够平衡酸、单宁，让口味显得均衡；其次是其容易挥发的特性，有利葡萄酒中香气成分的散发，促进酒香四处弥漫；再有酒精可以和糖、甘油一起加强葡萄酒的酒体，让酒喝起来丰满圆润。

酒精是葡萄酒里天然产生的防腐剂，酒精分子可以使构成细菌生命基础的蛋白质凝结，将细菌杀死。因此酵母菌、醋酸菌等难以在葡萄酒里存活，有利于葡萄酒在保持健康的状态下陈年。

·葡萄酒的结构

初学葡萄酒品鉴时，"结构"这个概念经常让人久思不得其解，听葡萄酒老饕们讲出这个词时总是感觉玄妙得让人摸不着头脑。其实简单地描述，葡萄酒的结构就是"葡萄酒风味的立体感"。用高档的器材欣赏音乐时，组成乐曲的声音从四面八方纷至沓来，声音有不同的频率、强弱、方向和距离，声音在人的头脑里不是一条线也不是一个面，而是一个立体的三维空间。葡萄酒的结构就如同音乐的立体感一样，是葡萄酒在口腔里支撑出一个三维的空间。

葡萄酒给予口腔的感觉刺激有两种，一种是水溶性分子对味蕾的刺激，就是味道，比如甜、酸、咸、苦；另一种是物理意义上的触感，比如坚涩、辛辣、灼热、冰凉以及重量、浓稠度等。所谓葡萄酒在口腔里支撑出的三维立体空间不是物理的支撑，而是葡萄酒的味道构成和质地触感给口腔内的各种感觉细胞以刺激之后，神经信号传入大脑之后由大脑勾画出来的一种立体感觉，是一种各种口感因素的综合关系。

虽然"葡萄酒的结构"还没有一个公认的定义，但还是要注意不要与"葡萄酒的构成"相混淆。谈及葡萄酒的"结构"时，总有人认为是甜、酸、单宁和酒精的组成及其平衡关系，其实这只是"葡萄酒的构成"，属于客观存在的范畴。虽然它是"葡萄酒的结构"形成的因素之一，但却绝对不能将两者等同。"葡萄酒的结构"则存在于人的头脑之中，属于主观认识的范畴。

"葡萄酒的结构"会随着酒液入口到离开的过程而变化，而综合了整体变化过程的评判才是对葡萄酒结构完整的认识。葡萄酒的结构虽然是想象、感觉，但这是经过简单学习和实践就能让人在品酒过程中真切体验到的，并且可以用语言表述和传达的，是确实的精神存在，玄妙而非玄虚。

　　"葡萄酒的结构"这一概念有时会给人不着边际的感觉，但它确实包罗万象，将葡萄酒的很多特征要素综合地囊括其中，由于篇幅所限本书难以详尽论述，下面简单举例一些用以描述葡萄酒结构的常用词语，读者们就可以管中窥豹，了解这一概念的博大，同时也可以认识到这一概念在葡萄酒品尝中的重要性：

　　结构中描述葡萄酒体态的可以用圆润饱满、有棱有角、肥硕丰满、骨感干瘪等词语；

结构中描述葡萄酒规模尺寸可以用宏大、气势磅礴、小巧精致、纤细瘦弱等词语；

结构中描述葡萄酒坚实度可以用架构完整、紧密扎实、结构松散、支离破碎等词语。

·余味

余味也叫余韵，是葡萄酒咽下或吐出之后，风味感受在口腔中的余存，评价余味的指标就是时间的长短。余味与余香是不同的概念，但余味包括余香。余香就是指余存的香气，除了余香之外，余味还包括其他味觉，比如酸度生津感、单宁紧涩感和酒精灼热感的延续。虽然这部分余味的品尝并不被重视，甚至在很多专业的品鉴体系中也没被列为一项指标，但没了香气的掩饰，一些结构失衡的葡萄酒，在余味中就可以露出马脚，这也是注重余味的意义所在。

而余香的长短却是评价葡萄酒品质的重要指标，一般来说余香越长代表酒的品质越好，前提条件是余香表现的是正面的味道。以余香长短论高低只能在同种类型的酒之间比较，有些酒款天然就是余香久远，比如汝拉（Jura）产区的黄酒（Vin Jauue），就算很便宜的普通酒款也比那些顶级波尔多（Bordeaux）红葡萄酒余香绵长。

·品尝中应该注意区别的几个问题

品尝葡萄酒中的甜味时，要记得酒精和甘油也能带来甜润感，虽然难以辨别甜味是糖还是酒精带来的，只要懂得干型酒也可能有一丝甜味就行了。

人的舌头两侧和脸颊内侧对酸度的反应特别敏感。品尝葡萄酒中的酸度时要注意甜度与酸度会互相掩盖的现象，对于甜酒我们比较难判断酸度的高低，因为酸会刺激唾液的分泌，因而以酸度刺激唾液的分泌量来判断酸度高低会比较准确。另外，要注意区分酒精与酸对口腔黏膜的刺激产生的"痛感"，原则还是看有无刺激唾液分泌。

对红葡萄酒都要品尝单宁，对白葡萄酒则不用考虑单宁的影响。单宁在口腔中会起到两种作用，一是触觉，单宁与口腔里的蛋白结合，产生收缩感和涩感；二是味觉，单宁会有一点苦味，使口感更加浓郁。上门牙牙龈贴近上唇内侧的位置对单宁的强弱及质地特别敏感，所以在品尝葡萄酒时要保证这个部位接触到酒液，并在考量单宁强弱和质地时重点体会这里的感受。口腔后部对苦味反应明显，如果口腔后部没有沾到酒液就很难品尝到苦味。单宁的涩感与含量不是唯一的对应关系，还与成熟度有关，成熟度越低涩感越强，扎口的感觉越明显。当单宁给口腔的刺激强烈时，应该分辨是成熟度低还是含量高造成的，当然这需要有一定的经验才能做到。

　　酒精的口感作用也有两种，一是甜润感，让酒尝起来饱满圆润；二是灼热感，这是酒精"刺痛"了神经感受器产生的，这种感觉要与酸的刺激区分开来，主要区别还是看是刺激唾液的分泌，还是感觉口感浓厚，前者是酸带来的，后者是酒精的作用。一般人对酒精度数的感觉都很敏感，经常品酒的人很容易区分 0.5 酒精度的差别。

　　·**葡萄酒入口之后的品尝方法**
　　喝跟吃一样是动物天生就会的本能，似乎没有学习的必要。但面对葡萄酒就不一样了，很多人对将要品尝的葡萄酒无所适从，不知从哪入手。且不说大概念的品尝，单就喝酒入口这个看似简单的动作而言，也是有所讲究的，会影响最终的品尝效果。

　　"葡萄酒是用来品的，所以葡萄酒要小口喝、慢慢品"，在日常的酒局上我们经常听到这句话，也貌似很有道理。确实，大口干杯是很多社交场合的陋习，但在品酒时一口喝得太少也是个常见的问题。因为喝进去的酒液太少，就无法让口腔内的味蕾全部接触到酒液，就无法全面感受葡萄酒的风味。另外，酒液如果少得过分，味道会非常微弱，无法表现葡萄酒的风味。在某些晚宴上，看到一些斯文的女士面对美酒佳酿，每次只抿入一小口，也就刚刚能沾湿舌尖，然后就露出一脸茫然的神色，真是让人替她着急。每次入口的葡萄酒太多也不好，在品尝葡萄酒种类太多的场合，这样容易过早地引起酒精疲劳。人的嘴巴大小不同，一口酒量的标准也就没必要量化。一口酒最小的量要保证在配合口腔动作之后，让舌面、脸颊内侧及上腭都能接触到酒液；一口酒最大的量是以含着不吃力为极限，只要自己找到舒适的感觉就可以了。

喝一口适量的酒入口之后，嘴唇紧闭，舌头轻轻搅动，让舌尖到喉头前部都布满酒液，同时上下颚交替做张开和咬合动作，整个口腔就像在"咀嚼"葡萄酒，经过"咀嚼"，整个口腔黏膜都能接触到酒液。品酒时，葡萄酒在口腔中停留的时间要恰当，长短要适中。神经系统对葡萄酒中各种风味成分做出反应需要的时间长短不同，需要时间最短的是对甜味的感觉，一般有 2 秒时间就够了；最长的是对单宁的感觉，那些单宁作用迟缓的酒，可能需要接近 10 秒的时间才能全面感受单宁的质地和结构。一般来说，把葡萄酒含在口腔里停留 10 秒左右就能完全感受到葡萄酒的味觉成分。在生活中可以依据这个道理，让本来不喜欢葡萄酒的人含一口适量的葡萄酒，停留在口腔中 10 秒再咽下，会改变其中很多人对葡萄酒酸涩难忍的印象。

　　葡萄酒在口中时，微微收紧双颊，微微张开双唇，重复几次吸气的动作，用吸入的空气搅动本来已经被口腔加温的葡萄酒，促进葡萄酒中的气味释放出来，顺着鼻咽管进入后鼻腔，以这种方式可能会闻到通过正常鼻子吸气没有闻到的香气。

　　经过反复"咀嚼"，充分体验到葡萄酒的风味后再把葡萄酒咽下（专业的品酒活动会吐掉）。此时再收紧双颊，做类似"嘟嘴"的动作，让双颊内侧、牙龈、嘴唇内侧、上下舌面及上下颚之间的空间缩紧并稍作移动，全面体会包括酸度刺激唾液分泌、单宁导致牙龈紧缩和余存香气在内的所有余韵。

　　在专业的品评场合，品酒师往往在品尝一款

葡萄酒之后把它吐掉。因为一次品评活动往往品尝十几款，甚至几十款酒，如果每一款都喝下去的话，对酒量来说是个考验，头脑在酒精的刺激下很难对葡萄酒的品质做出客观的评价。把酒吐掉并不会影响对葡萄酒整体风味的感知，因为只要做出正确的品酒动作，舌后、喉头附近的味蕾也能接触到酒液，对酒的反应也是整体和全面的。认为不把酒咽下去就无法尝出味道的人，往往是受心理因素的影响。喉咙、食管和胃，对香气和味道是没有任何感知能力的。非专业人士平时品酒就不存在这个问题，大可不必吐掉珍贵的葡萄酒。葡萄酒爱好者在比较正式的品尝活动现场，也可以把酒喝下去，至少可以把自己喜欢的酒喝下去。

— 品尝综述 —

前几节讲解了葡萄酒外观、香气、味觉的构成以及品尝方法，对于没有品酒经验的读者来说可能有些抽象，不容易理解。为了让大家对品酒方法有更直观而清晰的认识，这一章节我们将对品酒过程做一个简单明了的描述，讲解一次实际的品酒过程是如何进行的，以便读者加深理解。

品酒并非一定是在专业的品酒室，坐在专业的品酒桌前进行。参观酒庄的旅游活动、参加葡萄酒展销会、在专卖店选购葡萄酒，以及亲友聚餐，都会涉及葡萄酒品鉴的问题，学习相关的知识，掌握一定的技巧，将有助于从饮用葡萄酒的过程中得到更愉悦的享受。

品酒的过程往往从侍酒开始，并与侍酒相伴。

首先，要把葡萄酒控制在适合饮用的温度范围之内，提前将酒放在控温的酒窖、酒柜、冰箱里，或者用冰桶冰镇，将酒的温度调节至适饮温度。红葡萄酒的适饮温度往往是很多人容易忽略的一个问题，因为很多人都习惯在室温下饮用红葡萄酒，而我们日常的室温往往超过了红葡萄酒适饮的温度。

其次，要根据准备品尝的葡萄酒选择适合的酒杯。无色透明、轻盈精致的水晶杯为最佳选择。比较专业的品鉴活动可以全程使用标准杯，日常的饮用最好根据葡萄酒的类型、品种和产区选择适合的专用杯。

开瓶的动作要轻柔、专注，避免拔断软木塞，避免扬起瓶底的沉淀物。要根据葡萄酒的具体情况判断是否需要醒酒，醒酒时需要控制醒酒的时间和程度，避免醒酒过度，损失葡萄酒的香气。

　　倒酒时不宜倒入过多的酒，使用标准杯时应在三分之一左右，一是能保证摇杯时酒液不至溢出，二是留出足够的空间聚拢香气分子。持杯的方式不必过于拘泥于形势，轻松自然即可，除非以双手捧杯的方式持杯，否则不必担心手温会对酒温造成影响。

　　无论是在专业的品酒室，还是在平常的餐桌上，开始品酒前，在做好上述的准备之后，最重要的是调节自己的心理，无论多么充分细致的准备工作，都不如专注而平稳的心态重要。哪怕在不能冷落朋友的社交场合，只要这杯酒是值得品鉴的，就要用十几秒左右的时间，全神贯注地把注意力放在对葡萄酒的品鉴上。品酒时要心无杂念，全神贯注，感受葡萄酒传递的信息，不以自己的主观意识对酒的风味设定任何预想，要完全聆听葡萄酒发出的"声音"。

品酒分为三个步骤：看、闻、尝。就是用眼睛看看外观、用鼻子闻闻香气、用嘴巴尝尝味道；分别运用的是视觉、嗅觉、味觉。

看葡萄酒的外观时，先判断葡萄酒的澄清度，有无混浊或悬浮物；观察葡萄酒的颜色类别、深浅；观察气泡、酒腿等。当积累了一定的品酒经验，从葡萄酒的外观就能发现它的品种、年份等方面的线索。

观察葡萄酒的外观只需要短短的几秒，接下来就应该进入闻香的阶段。闻香，既要闻静止状态下的香气，也要闻摇杯之后的香气。闻香的过程要短促，闻的时间越长越分辨不出气味。在闻香时，首先要判断葡萄酒的健康状态，是否纯净无异味，如果有异味要判断是氧化过度还是木塞污染造成的。然后要判断香气的强度，是浅淡的，还是浓郁的。最后，要评判香气是复杂的还是简单的，并能识别出主要的几种香气，并能准确地用语言描述出来。不过，初学葡萄酒时不必太认真地要分辨是哪几种香气，能闻得到好的气味并认真感受就行了。

最后，把葡萄酒喝到嘴里，用舌头上的味蕾品尝味道。一口酒的容量要适合，过少和过多都不利于品尝。酒在口腔里停留的时间也要适合，急急忙忙地吞咽下去可能尝不清楚味道，一般来说在 6 秒到 10 秒之间为宜。对甜、酸、单宁和酒精，除了要分别感受它们的强度，更重要的是体验它们在口腔中是否表现得平衡、和谐，每种味道都应该充分表现，但却不至于过分突出。把葡萄酒喝下之后，还能闻到从后鼻腔进入的香气分子带来的气味，其中有一些可能是之前直接用鼻子没有闻到或者不明显的。最后，还要感受葡萄酒余味的长短和质量，享受那种余音绕梁的感觉，也是品尝葡萄酒之中不可或缺的环节。

我们的眼睛、鼻子和舌头可以像仪器一样对葡萄酒进行分析，经验丰富的人，甚至可以对各项指标进行比较准确的量化。不过，我们的目的是为了享用葡萄酒，我们喝酒是生活而不是工作，虽然我们品酒的过程中也应用感官进行分析，但我们的注意力不应该仅放在寻找答案上，而应放在享受葡萄酒带来的美妙感受上。

葡萄酒就是这么神奇的东西，你越认真，就能得到越多的享乐。

5

● 享受葡萄酒

葡萄酒的品尝要遵循规则，葡萄酒的享受则要在理解规则的基础上打破规则。葡萄酒的圈子里总是流传着各种各样的规则和戒律，有的经过科学证实，有的则是猜测。当然，对待葡萄酒应该是理性和感性并存的。没有理性就得不到好酒，没有感性就享受不了好酒。从葡萄的种植、酿造到品尝，有关葡萄酒的一切都是科学和艺术的结合，似乎高高在上，但实际在生活中却可以轻松随兴，喝酒就是为了开心。

别喝到身体难受，喝葡萄酒就应该享受好心情。

葡萄酒的新世界与旧世界

很多初学葡萄酒的人都会问哪个国家的酒好喝，是法国的，还是美国的？是意大利的，还是新西兰的？其实这个问题归根结底问的是"新世界"还是"旧世界"的问题。世界上有很多葡萄酒，葡萄酒里却只有两个世界——新世界和旧世界。

葡萄酒起源于高加索、小亚细亚地区，由此再慢慢向世界各地扩散发展。葡萄酒起源于8000年前，2000年前希腊人把葡萄树带入地中海各地，

罗马兵团接着又将葡萄的种植系统性地向更大范围进行了推广。罗马皇帝君士坦丁在 4 世纪时正式承认基督教，而基督教的弥撒仪式上要用到葡萄酒，因此葡萄酒的生产随着基督教的发展而逐渐扩张。教会因为有充足的资金和大量的人才，对葡萄的种植、酿造和土地都进行了深入的研究，并种植了大面积的葡萄园，之后主导了几个世纪的葡萄酒业。这些具有悠久的葡萄酒酿造历史的，包括法国、意大利、西班牙、德国等欧洲国家，被称为葡萄酒的"旧世界"。

后来，在 200 到 300 年前，随着基督教向世界各地的传播，传教士将葡萄树的种植和葡萄酒的酿造带到了澳大利亚、新西兰、美国、南非、阿根廷等国家，这些国家被称为葡萄酒的"新世界"。

但新、旧世界的划分和说法并非由来已久。世界著名的葡萄酒作家休·强生 (Hugh Johnson) 在其畅销世界的名著 *World Atlas of Wine* 中首次将世界上的葡萄酒国家划分为新世界（New World）和旧世界（Old World）。其划分的依据及意义在于新旧世界有着明显的历史发展界限和风格特征区别。

在生产规模上，旧世界以传统家族经营为主，相对规模比较小，产量低；新世界以公司化经营为主，规模大，产量高。

在酿酒工艺上，旧世界重视传统酿造工艺，强调产区特性和风土；新世界善于利用现代化的酿造技术和管理手段。

在风味上，旧世界强调优雅平衡，口感细致、清瘦；新世界突出果味，热情奔放。

在葡萄酒品种上，旧世界采用世代相传的法定品种，多混调；新世界自由选择品种，单一品种比较多。

在酒标上，旧世界只标示产地，一般不标示葡萄酒品种，风格典雅、复杂；新世界标示葡萄酒品种，简单易懂，设计新颖。

在管制上，旧世界法规严格，有细致的法定管理制度；新世界没有严格的分级制度，管理灵活。

旧世界的推崇者们坚持认为旧世界的葡萄酒是优雅的典范，丰富的内涵是新世界的葡萄酒无法比拟的。他们认为，旧世界坚守传统，对土地精耕细作，对葡萄悉心照料，使旧世界的特别是法国的葡萄酒都传承着历史和文化，包涵着艺术和哲学，酒的背后还有着更为博大的精神内涵；新世界虽然使用了现代化的种植和酿造技术，葡萄酒芳香浓郁，果味突出，口感圆润，具有强大的亲和力和诱惑力，让初学者容易接受，但人们认为新世界的葡萄酒缺乏个性，千酒一面，浓郁而单调，更缺乏旧世界的"内涵"。归根结底，就是认为新世界还没达到旧世界的"层次"。

葡萄酒的新旧世界之争每天都在上演，旧世界的酒迷厌恶新世界的浓艳和庸俗，新世界的拥趸批评旧世界的矫情和守旧。

其实，现在葡萄酒的新与旧两个世界的界限已经开始模糊，不像以往那样泾渭分明。首先旧世界的一些酒庄也开始改用现代化的酿造设备和技术，以提高产量和稳定质量；也在调整酿酒理念和标准，开始酿造简单易饮、口感圆润的葡萄酒，以迎合新兴市场的口味和要求。另一方面，新世界的厂商也开始强调产区特色和风土理念，强化葡萄酒的特色；随着葡萄树龄的增长，葡萄酒的质量不断提升、稳定；大量的资金和技术投入，让酿酒师更游刃有余地控制葡萄酒的风格。如今的新世界，也能酿造不亚于旧世界的顶级葡萄酒，早就对旧世界发起了挑战。在实际的品尝上，新旧世界的葡萄酒越来越难以分辨。比如，当你喝到一款单宁细腻、结构复杂、香气精细的黑比诺（Pinot Noir）时，它可能不是来自法国的勃艮第（Burgundy），而是来自新西兰的霍克斯湾（Hawkes Bay）。

虽然葡萄酒的新旧世界差距日渐缩小，但适当区分新旧世界对饮酒者，特别是对初学的饮酒者来说还有一定的意义。如果想尝试优雅与稳重的风格，旧世界的葡萄酒还是首选，除了风味还能体会传承和怀旧的意趣。如果喜欢香甜圆润，新世界当仁不让，而且性价比高，也常常给人惊喜。

如果你刚刚要开始自己的葡萄酒旅程，那么建议你从新世界开始，那里没有那么多的艰辛和冷峻，肯定不会让你望而却步。

·单一和混调

按照使用葡萄品种的数量来分类，世界上的葡萄酒分两种，一种是只用一种葡萄品种酿造的，叫单一品种葡萄酒；另一种是用两种或两种以上葡萄品种酿造的，是混调酒。平时大家都把"混调"叫作"混酿"，其实两者意义不同。把两种或两种以上的葡萄品种放在一起酿造，一起发酵，这才叫混酿。而现实中葡萄酒的生产都几乎没有这样操作的，而是把不同品种、不同地块的葡萄分别发酵，然后再进行调配，这叫混调。

为什么用单一品种酿造或者混调？哪种方式的葡萄酒品质更好？这是经常遇到的两个问题。

选择单一品种酿造还是混调，有人认为是因为葡萄品种本身的原因，有些葡萄品种品质全面，适合单一使用，有的因为有各种缺陷则不适合单一使用，必须与其他品种搭配才能酿造出品质均衡的葡萄酒。或者有些葡萄品种天生的就是配角，只能在混酿中为葡萄酒贡献单宁、颜色、酸度，或者就是增加一点丰富性。其中最典型的是小味儿多（Petit Verdot），一般葡萄酒的教科书上都对它描述为"在混酿酒中仅占非常小的一部分，主要用来增加单宁、颜色和某些香料味"，往往让人以为它只能承担经典的波尔多混酿里的配角。然而，就是这个品种，却在西班牙酿造出了圆润饱满的红葡萄酒，在日本酿造出了精巧细致的红葡萄酒，而且都以单一葡萄酒品种的形式出现。

聪明的读者这时就应该看得出，选择单一葡萄品种酿造或是混调，并非由葡萄品种本身特征决定，而是由葡萄酒的产区特点决定的。通常来说，在气候凉爽的产区适合采用单一品种酿造的方式，而在气候炎热的产区则适合采用混调的方式。

在凉爽的气候下单一品种葡萄就可以表现出优雅细腻的品质，而无须混调就能形成均衡的风味。特别在那些葡萄品种最北的极限区域内的产区，当年的气候如果差一点，可能葡萄就不成熟，而一旦成熟，就会形成优雅细腻的风味。

在炎热的气候下单一品种葡萄酿造的酒很难维持均衡感。在单一品种存在各种缺陷的情况下，就须混合不同的葡萄品种，取彼之长，补此之短，才能调配出品质优良的葡萄酒。如在法国的南部，靠近地中海的产区炎热干燥，葡萄的产量和成熟度都很高，但采用单一品种酿造时，往往有失均衡。通常采用高酒精度的歌海娜（Grenache）、色深的西拉（Syrah）、强劲的穆合怀特（Mourvedre）和轻柔的神索（Sinsaut）混调成和谐均衡的地中海风味。

　　以混调的方式酿造优雅均衡的葡萄酒，这一方式在波尔多（Bordeaux）发挥到了极致。波尔多因为临近大西洋海岸，气候温和，出产的赤霞珠（Cabernet Sauvignon）和美乐（Merlot）两个葡萄品种的品质都非常优秀，但波尔多却从不出产单一品种的红葡萄酒。将不同品种、不同地块、不同橡木桶陈酿的原酒以合适的比例调配成完美的成品，在波尔多是和葡萄园里的种植、酒罐中的发酵同样重要的工作。

　　在单一品种还是混调这个问题上，最有趣的是罗讷河谷（Rhone Valley）。一脉相承、从北至南延伸的罗讷河谷分成南北两个风格迥异的产区。北罗讷河谷产区因为处于大陆性气候区，比较凉爽，因此葡萄酒的风格严肃高雅，大多都以单一品种的方式呈现。南罗讷河谷则临近地中海，有着艳阳高照的炎热天气，酿造的葡萄酒热情奔放，但必须几种，甚至十几种葡萄品种混调才能维持均衡的风味。高深的葡萄酒专家们早已经发现，在北纬 45 度附近有一条看不见的界限，将欧洲的葡萄酒分成了南北两个版图，北部的精致，南部的浓厚，北部的适合采用单一品种，南部的适合混调。而也正是这条界线，将罗讷河谷分为南北两个截然不同的产区。

在欧洲以外的新世界产酒国，采用单一品种还是混调就随意得多，往往取决于酿酒师的取向和市场的需求，而非单纯的品质要求。在市场上，表现品种特征的葡萄酒还是有许多消费者追捧的，那些国际化单一品种的葡萄酒还是市场上的明星。不过，新世界现在也有越来越多的混调酒出现，其中不乏很多"波尔多风格"的高端酒。

　　饮酒者选择葡萄酒时，不必拘泥于是单一品种还是混调，从上面的论述中看得出两者各有其优势。单一品种的葡萄酒，饮酒者可以从中明显感受葡萄品种本身的特征，也可以明显感受同一品种在不同风土条件下的表现。例如，勃艮第的红葡萄酒都可以呈现出典型的黑比诺（Pinot Noir）的品种特征，而在不同的区域、甚至相邻地块不同的风土条件下，又会呈现出独特的风土特征。再有，市场上最常见的单一葡萄品种的酒就是赤霞珠（Cabernet Franc）和霞多丽（Chardonney），无论新旧世界都大量种植这两个葡萄品种，但在葡萄品种固有的基调之内，又能呈现出缤纷多彩的风味特征。而混调酒，最具有代表性的波尔多（Bordeaux）葡萄酒是饮酒者绕不过去的必经之路，往往是其优雅均衡的风味将许多初学者引领进入葡萄酒世界的大门。

单一还是混调，皆有美酒。

– 葡萄酒与橡木桶 –

橡木桶在葡萄酒领域的运用，最早开始于古罗马时代，不过在很长一段时间里，它只是充当储存和运输葡萄酒的容器。而现在，橡木桶的容器作用日渐微弱，已主要用来陈酿培养葡萄酒。

橡木桶陈酿葡萄酒的
作用和价值，就是在用
它充当葡萄酒的容器
过程中偶然被发现
的。传说在 19 世

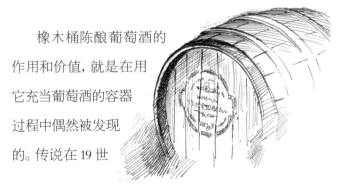

纪，法国波尔多（Bordeaux）地区一家叫爱士图尔（Chateau Cos d'Estournel）酒庄的葡萄酒远销印度等海外地区，他们的葡萄酒装在橡木桶里用船运输。其中一些运到海外但没卖出的葡萄酒又装在橡木桶里运回之后，被发现比一直保存在酒庄里的口味更好，后来经过仔细分析发现这是橡木桶的作用。于是爱士图尔酒庄将所有的葡萄酒都装入橡木桶中运输，从此橡木桶的陈酿作用才得到葡萄酒界的重视。比较主流的观点认为，成熟完善的橡木桶陈酿技术从 20 世纪 80 年代开始，从那时开始经过橡木桶陈酿便成了高品质葡萄酒的代名词。

橡木桶陈酿可以给葡萄酒带来以下好处：一、因为橡木桶的天然特性，有利于葡萄酒的澄清和稳定；二、因为橡木桶中的单宁和色素、乙醛等的反应，葡萄酒的颜色会得到强化和稳定；

三、因为橡木桶有一定的透气性，在微氧化的作用下会促进葡萄酒的熟成和单宁的软化；四、因为橡木桶含有各种香气成分，可以融入酒中，增加葡萄酒香气的复杂性。

现在来看，橡木桶赋予酒的香气不仅是酿酒师一直追求的，也是饮酒者喜闻乐见的风味表现。然而，橡木桶本身价格就很高，加之复杂的工序带来的人工费用，用橡木桶陈酿葡萄酒会增加非常昂贵的成本。于是有些厂家把橡木片或橡木板放入葡萄酒发酵罐中，利用这个阶段酒液吸取橡木香气能力强的特点，花费很少的成本就能让葡萄酒获得近似经过橡木桶陈酿的特征。如果这种工艺尺度把握得好，葡萄酒又在新鲜时期饮用，确实会对风味有正面的影响，但如果使用过度或是陈年之后，葡萄酒可能会非常油腻，而且会显出粗糙的木头味。那些价格比较便宜的葡萄酒，如果

在酒标上注明与橡木接触过（oaked 或 wooded），
而没有橡木桶（oak barrel）的字眼，应该采用的就
是这种工艺。

·红葡萄酒与橡木桶

红葡萄酒的酿造中橡木桶的使用比白葡萄酒
更为普遍，红葡萄酒单宁厚重和果香浓厚的特点
更适合从橡木桶中获取更加丰富的结构质感和香
气成分。

波尔多（Bordeaux）红葡萄酒是橡木桶陈酿的
典范，所有的 1855 列级酒庄和其他经营状态较好
的酒庄都会用传统的 225 升波尔多橡木桶培养葡
萄酒，以此酿造出品质优秀且可长期陈年的葡萄
酒。不过，波尔多地区酒庄众多，其中大部分经营
状态并不太好，可能承担不起昂贵的橡木桶费用；
而且很多酒庄葡萄酒的品质普通，也不适合用橡

木桶陈酿。所以，虽说波多红葡萄酒是橡木桶陈酿的典范，但大部分的波尔多红葡萄酒还是价格便宜、没有接触过橡木桶的，它们适合在装瓶之后尽快饮用，以利于享受新鲜的果味。没经过橡木桶陈酿的红葡萄酒果香浓郁、酒体轻盈、单宁微弱；而经过橡木桶陈酿的波尔多红葡萄酒单宁厚重许多，香气也更为复杂，虽然也会有果味，但一般都掩盖在橡木带来的雪松和烘焙等香气之下。

橡木基本上分为欧洲橡木和美洲橡木两种，欧洲橡木大多数来自法国，也有少部分来自东欧；美洲橡木主要来自美国。法国橡木与美国橡木相比，法国橡木桶培养出来的葡萄酒比较严肃，美国橡木桶培养出来的酒有明显的香草味。美国橡木桶并不代表品质低下，精心制作的美国橡木桶比普通的法国橡木桶还要好，只不过它们适用的葡萄酒风格不同。

如果说法国的波尔多（Bordeaux）是使用法国橡木桶的典范；那么西班牙的里奥哈（Rioja）则是用美国橡木桶陈酿的典范，虽然现在该地区法国橡木桶的使用比例在逐渐升高。陈酿（Crianza）、珍藏（Reserva）和特级珍藏（Gran Reserva）级别的里奥哈红葡萄酒都有法定的在橡木桶中陈酿的最短期限，而且期限通常都比较长，因此这些酒里都有明显的香草味。里奥哈红色葡萄酒中辨识度最高的香气就是美国橡木桶的香气，反而不是添普兰尼洛（Tempranillo）等本地葡萄品种的香气。另外，里奥哈红葡萄酒的比较清淡和略带褐色调子的颜色以及比较高的清澈度也与使用橡木桶及多次换桶有关。

· 白葡萄酒与橡木桶

与红葡萄酒相比，白葡萄酒酿造中橡木桶的使用范围较窄。橡木桶适合用来陈酿具有陈年潜力的白葡萄酒，经过陈年之后酒中原有的香气和橡木的香气完美地结合在一起，展现出法国橡木那种紧致而集中的复杂美味，或者美国橡木那种温暖的香草烘焙味道。

白葡萄酒中与橡木桶结合的经典品种是霞多丽（Chardonnay）。霞多丽这个葡萄品种本身性格比较中庸，没有特别的香气，但它很容易被风土条件和酿酒师塑造出不同的风格，而最终酿造出来变化多端、风格迥异的白葡萄酒。酿酒师塑造霞多丽风格的手段，很大程度上依赖于橡木桶的使用。橡木桶能够为简单朴实的霞多丽赋予丰富的香气和口感成分，经过橡木桶陈酿的霞多丽会有奶油般的柔滑口感和迷人的香气。

那些新鲜饮用的干白葡萄酒不适合橡木桶陈酿，橡木桶会掩盖新鲜的果香和清新的口感，比如新西兰的长相思（Sauvignon Blanc）、德国的雷司令（Riesling）等。不过因为气候温暖，美国加利福尼亚的中央山谷（Central Valley）的一些长相思（Sauvignon Blanc）却可以经过橡木桶的培养，酿造出称为白芙美（Fume Blanc）的酒款，酒质成熟而且香气丰富。

橡木桶虽然在优质葡萄酒的酿造中功不可没，但也只能锦上添花，不能喧宾夺主。有些葡萄酒用桶过多或时间过长，橡木桶的味道过于浓重，压过了酒本来的味道，会让人讨厌；橡木桶的烘烤过度，焦味太重，会给香气带来过多的干扰；或者风干不够，青涩感强，会使口感粗糙。过犹不及这个词用在橡木桶与葡萄酒的关系上是最恰当不过的了。

世界上很多顶级的葡萄酒都来源于优质的原酒与高级橡木桶的结合，这种结合使葡萄酒获得优雅而复杂的风味。但是把具有橡木味等同于高品质却是不对的，顶级酒庄大量使用新橡木桶，然而他们酿造的葡萄酒中橡木气味反而并不明显，这是因为葡萄酒本身的香气就很丰富充沛，能够平衡和容纳来自橡木桶的香气，禁得住橡木桶的培养。而且从产量上分析，如果好酒一定要用橡木桶陈酿，每年橡木桶的产量对于葡萄酒的产量来讲根本就不够用，很多优秀的葡萄酒是没有经过橡木桶培养的。

━ 葡萄酒的年份、陈年潜力和适饮期 ━

·葡萄酒的年份

国内很多消费者对葡萄酒年份的认识是从
1982 年的拉菲（Chateau Lafite Rothschild）开始的，
无论是影视作品还是流传于网络的段子，"82 年
的拉菲"已然成为最顶尖酒款的代名词。"82 年的
拉菲"之所以被认为是顶尖酒款，一是因为它是
拉菲，二是因为它是 1982 年的。拉菲深入人心，
不论喝不喝葡萄酒的人都知道这是一个顶级的品
牌，可为什么是 1982 年的，为什么不是 1983 年的

或 1984 年的? 对许多人来说可能知其然而不知其所以然了。

葡萄酒的年份就是酿造这款酒的葡萄果实生长和成熟的年份, 并非葡萄酒发酵或装瓶、出厂的年份, 因为有些酒款的发酵期比较长, 不能在葡萄果实采摘之后的当年完成, 比如冰酒的发酵期往往长达几个月; 装瓶、出厂的年份与葡萄果实成熟的时间可能相差更远, 比如西班牙的特级珍藏酒 (Gran Reserva) 在橡木桶中的熟化时间就需 18 个月, 加上装瓶之后的熟化时间, 总的熟化时间高达 60 个月之久。简而言之, 葡萄酒的年份是葡萄果实的出生年份, 而不是葡萄酒的出生年份。

我们所说的年份, 也不同于葡萄酒的保存期限和已经陈年的时间。保存期限就是保质期, 虽然葡萄酒难以测定保质期, 但很多葡萄酒的酒标上还是按照相关国家的法律标注有保质期，保质期是一个时间段；已经陈年时间，也是一个时间段，是指葡萄酒的年龄，而不是葡萄酒的出生年份。

之所以葡萄酒的年份对品质有影响，归根结底还是气候因素对葡萄品质的影响，年份的因素囊括了年度积温、降水量和日照时间等全部气候条件，因为即使在同一地区，每年的气候条件也不尽相同。葡萄酒是综合了所有的气候条件酿造出来的，因为不存在两个气候条件完全相同的年份，所以也不会在不同的年份酿造出完全相同的葡萄酒。有观点认为年份对葡萄酒品质的影响甚至大过产区和酿造工艺的影响，但本书持反对观点，产区因为在地理上已经固定，因此已经决定了大的气候类型，好年份一定是以好产区为基础的，不是好产区则好年份便无从谈起。在一个产区，不同的酒厂，相同年份不同酒厂的葡萄酒之间的品质近似度要大过同一酒厂不同年份的葡萄酒之间的品质近似度，这说明，在同一产区，年份对葡萄酒品质的影响大过酿造工艺和土壤性质的影响，这一点应该是不容置疑的。

不过，年份因素在气候条件对葡萄果实的生长比较"极端"的产区才能起到如上所说的巨大作用。如同样是赤霞珠（Cabernet Sauvignon），在法国的梅多克（Medoc）地区，因为气温比较低，很难保证采摘时葡萄果实达到很好的成熟度，所以一旦在梅多克地区遇到能让赤霞珠达到很好成熟度的年份就一定会酿造出品质优异的酒，就是好年份；而赤霞珠在澳大利亚的库纳瓦拉（Coonawarra）产区，因为这里的气候条件非常适合赤霞珠的生长，每一年葡萄果实都能达到很好的成熟度，所以在这里不同年份的差异就很小，没有坏的年份的葡萄酒产区也不会有特别优秀的年份，至少不会有"伟大"的年份。最顶尖的葡萄酒都是在葡萄的果实能够成熟，但成熟的过程又不那么"舒服"的产区诞生的，有人形容为"好葡萄是虐待出来的"也不为过。因为这个道理，葡萄酒的旧世界与新世界相比，前者年份的因素更为重要。这是因为新世界的葡萄酒产区气候比旧世界气候条件更稳定，也更适合葡萄的生长；而且新世界采用的酿造工艺和酿造设备更先进，出产的葡萄酒品质更稳定。如果说旧世界的葡萄酒酿造更接近农业生产的话，那新世界的葡萄酒酿造则更贴近于工业。消费者如果购买价格普通的新世界的葡萄酒，可以说根本没必要考虑年份的因素。

年份与产区必须结合在一起表述才有意义，因为同一个年份的葡萄酒品质在不同的产区会有不同的表现，比如1982年对波尔多（Bordeaux）红葡萄酒来说是一个公认的好年份，但对勃艮地

（Burgundy）红葡萄酒来说则表现平平。甚至距离相当近的产区年份的评价也可能经常落差很大，比如1967年对苏玳（Sauternes）产区的白葡萄酒来说是一个难得的"世纪大年"，但对距离很近的格拉夫（Graves）产区的白葡萄酒而言竟然落得了个差年份的评价。

年份的评价因横向空间的不同有其复杂性，因纵向时间的不同也难以客观准确地评价。评价一个酒庄不同年份的葡萄酒，实际就是在比较陈年度不同的酒，因为陈年度不同，每个年份的酒并不一定都展现出自身最优秀的一面。比如将刚刚装瓶的新酒和已经陈年到适饮期的酒来比较年份，除非酒的底子相差太多，不然真的难以评判。所以，年份的评价很难一锤定音，有些具有争议的年份，要经过很多专家数年的品评才能达成共识。

随着科学技术的总体发展，酿酒技术也有了长足的进步。特别是电子自动筛选设备的出现，酿酒师可以筛选最好的葡萄果实来使用，把当年条件下的葡萄酒品质做到极致。不好的年份可能会让好酒的产量减少，但品质相对于好年份却相差不多。正像很多专家所说："没有不好的年份，只有困难的年份。"

现在有很多家媒体和专家都发布葡萄酒年份评分，一些葡萄酒爱好者也都对此了如指掌，并喜闻乐道。然而，这些评分的客观性和可靠性却令人担忧，用来参考可以，如果深信不疑就难免失望。首先，不同机构发布的评分经常意见相左，让人无所适从；其次，有些专家或机构对葡萄酒的品质评价有自己的个性标准，不能全天下皆适之；另外，确实其中也有一些并没有权威的品鉴能力，却敢站出来说话的人。对专家们的评判，还是要抱有一点怀疑才好。但如果能遇到一位多次尝试验证之后感觉与自己的口味标准非常接近的专家，以后按照他的评价买酒，可以少走弯路，也不失为一件好事。

　　爱好者如果想体验多姿多彩的葡萄酒享用历程，选购葡萄酒时就不能只盯着好酒庄的好年份，那样画地为牢就会少了很多惊喜。就像跟团旅游一样，出不了什么大差池，但也缺少了自己探索的惊喜和浪漫。何况，买大酒庄的小年份，买小酒庄的大年份，是尽量少花钱喝好酒的最佳策略。

　　· 葡萄酒的陈年潜力
　　"酒是陈的香，情是旧人浓"，现代人似乎对老旧的东西特别感兴趣，酒、普洱茶、木制家具等，越老才越贵重。的确，随着时光的酝酿，葡萄酒会发展出醇厚协调的香气和深沉稳重的口感。如果一瓶酒达到理想的陈年状态，它成熟的魅力是新鲜稚嫩的酒无法比拟的。葡萄酒和男人一样，随着时间的磨炼，一部分会变成身材匀称、目光温和、心思睿智的颇具魅力的成熟大叔，沉稳而有活力；而恐怕更大的一部分则会变成大腹便便、头发稀疏、目光暗淡的老男人，衰老的迹象跃然于脸上。

能够在缓慢的陈年中获益的葡萄酒必须有足够支撑其发展的潜质，简单概括陈年潜力需要的是葡萄酒的浓缩度，其中又包括两方面：一是要有丰富的、对酒可以起到"抗衰老"作用的保护成分，比如抗氧化的单宁、抗细菌侵染的酸、糖和酒精，如果没有这些结构成分的支撑，葡萄酒不待陈年的风味显现，自己就会衰败下去了。二是有提供产生窖藏香气的足够物质储备，陈年的香气不是凭空而来的，必须以这些物质为基础。但这些物质基础不一定是年轻时就已经显露的花香、果香，有可能是潜在的、可在陈年后显露出来的物质成分，比如波尔多（Bordeaux）产区的赛美蓉（Semillon），年轻时安静沉稳，香气封闭，往往要待装瓶几年之后香气才逐渐展现出来，而且很少有新鲜的水果香气，都以蜂蜜、杏仁和核桃等的核果香气为主，是温润沉稳的风格，好像它就从来没有年轻过。正是因为如此，在波尔多等地，赛美蓉（Semillon）经常与长相思（Sauvignon Blanc）混酿，以增加酒的活力和新鲜感。

好酒才有陈年潜力，陈年潜力跟葡萄酒的年份有关，甚至很多机构对年份的评价就是以葡萄酒具有什么样的潜力为标准的。对同一酒庄的葡萄酒来说，越好年份的葡萄酒陈年潜力越大，普通年份的葡萄酒更适合相对比较年轻时饮用。市面上大多数的葡萄酒并不会从陈年中获益，日常的红葡萄酒应该在 5 年之内饮用，白葡萄酒和桃红酒应该在 3 年之内饮用，否则品质将会有很大的下降。

　　有一种观点认为旧世界的葡萄酒比新世界的葡萄酒更有陈年潜力，这种观点是错误的。比如新世界的澳大利亚相比旧世界的法国，气候更加温暖，光照更加充分，葡萄果实的成熟度就更高，其酿造出来的葡萄酒单宁、酒精以及果香等有利于陈年的成分含量也就更高，怎么不会更有陈年潜力呢？而且，新世界葡萄酒的陈年，能让品种香气（一类香气）和窖藏香气（三类香气）在很长时间内共存；而旧世界的葡萄酒，很多在长期陈年之后就只剩下窖藏香气，珍贵的果味都消失在时光里。市面上新世界的老年份葡萄酒很少见，原因其一是新世界几十年前葡萄酒的产量本来就很少，留存至今的就更少；其二恐怕就是新世界的葡萄酒年轻时就非常适合饮用，往往没等到陈年就已经饮用完了。

好酒才有陈年的潜力，但好酒不一定都需要陈年。那些品质优良、清新简单的酒，或果味饱满也有陈年潜力，但年轻时也宜于饮用的酒，则无须陈年。现在很多酿酒师，无论在旧世界还是新世界，也逐渐趋于酿造既有陈年潜力，又可以在年轻时饮用的葡萄酒。

此外，不要认为老年份的就是高端酒，新年份的就是低端酒。老年份的酒香气复杂、柔顺，新年份的酒果香浓郁、饱满，有各自的优势和特点，也有各自的适饮场合和受众，并没有高低之分。

· 葡萄酒的适饮期
与陈年潜力密切相关的一个概念是葡萄酒的适饮程度或者说适饮期，顾名思义，就是描述葡萄酒现在是否适合饮用或者什么时候才适合饮用的概念。评价葡萄酒的适饮程度要依据葡萄酒的陈年潜力和陈年状态，具体可以分为以下五种情况：一是太年轻，不适合饮用；二是年轻，适合饮用；三是陈年中，还有陈年潜力，现在可以饮用；四是陈年中，已经没有继续陈年的潜力，现在应该饮用；五是在衰败中，已过适饮期。

简单来说，如果你认为一款葡萄酒还有很大的发展潜力，陈年之后会比现在更好喝，那么就是第一种"太年轻，不适合饮用"；如果你认为已经衰败，以前应该比现在更好喝，那么就是第五种"在衰败中，已过适饮期"。

就算我们心里有了适饮期的概念，也可以得到专家对一款酒适饮期的判断，但我们想在最佳的适饮期品尝一款好酒的愿望却总是难以实现的。

一是适饮期的判断不见得那么准确，你开瓶的那一刻很难对得上最佳时间点；二是葡萄酒一旦离开酒庄的酒窖，在曲折的运输和多年的储存中有很多不可控因素，好的可以说是加快了葡萄酒熟成的时间，坏的那就真是让酒变质，开瓶时会顿感失望。一款酒到底适合什么时候喝，真的可以套用"活在当下"的理念，想喝就喝吧。享乐要趁早，喝一瓶新鲜但尚有陈年潜力的酒，总不会比等它放坏了再喝更浪费。而且，好的趋势是现在的技术已经能让酿酒师酿造出既可以年轻时饮用也不会过于生硬青涩，而又有陈年发展潜力的酒了。如果钱包充足，遇到喜爱的葡萄酒可以一次买上两箱，储存良好，然后一年开一瓶来喝，慢慢体验一款酒在岁月中的变化，那才是最极致的享受。

葡萄酒的适饮期就是你开瓶之后的那一刻。

－ 和谐的力量 －

葡萄酒虽然起源于欧洲、兴盛于西方,但葡萄酒的哲学里却充满了东方的禅意。

我们对葡萄酒的品质做了很多的讨论,但要是以一句话来概括葡萄酒的品质标准应该这样说:葡萄酒的品质与层次表现,取决于葡萄酒里的所有元素是否共同构成了一个和谐的整体,结构成分与香气表现是否达到了完美的平衡。或者,一言以概之,就是"均衡"。

葡萄酒的品质表现是由其含有的物质组成决定的,葡萄酒的均衡,就是指葡萄酒中的各种物质组成互相协调,不但能各自平和表现,甚至能彼此衬托、突出价值的组成关系。葡萄酒的物质分两大类,一是能刺激味蕾,产生味觉感受的物质;二是能刺激嗅觉细胞，产生气味感受的物质。所以，葡萄酒的均衡也包括味觉的均衡和嗅觉的均衡两种。在优秀的葡萄酒中，各种味觉成分和嗅觉成分都应当恰如其分地展现各自的作用，无论各自的地位轻重，都在为有利于葡萄酒的整体表现贡献力量，使葡萄酒成为和谐、匀称的整体。均衡与否是评价葡萄酒品质的最基本要求和必备条件；也是评价葡萄酒品质的最高要求，其概念的内涵非常丰富，几乎可以囊括有关葡萄酒品质的方方面面。伟大的葡萄酒的特征是架构完整，味道与香气丰富而又细致，各种元素之间的比例协调，这就是葡萄酒界从均衡的角度对"伟大"的衡量。

为了让读者更清晰地认识均衡这一个概念，我们先举几个反例，通过认识失衡就知道什么是均衡了：

A. 葡萄酒的甜度过高时，酒会显得甜腻；

B. 葡萄酒的酸度过低时, 酒会显得沉闷;

C. 葡萄酒的单宁突出时, 酒的果香会减弱。

通过上面有关失衡最简单的几个例子, 不难看出, 葡萄酒里存在一些此消彼长的元素, 各种元素不能各自为战, 必须追求整体的和谐感才是永恒的道理。这好像是一个很简单的、不言而喻的道理, 但葡萄酒界提出均衡的概念也就短短几十年的历史, 到 20 世纪 40 年代开始才逐渐成为评价葡萄酒品质的新标准。

前面说过, 葡萄酒的均衡包括味觉的均衡和嗅觉的均衡, 其中味觉的均衡主要取决于甜、酸和苦三种味道的均衡。

甜味与酸味、甜味与苦味之间可以互相压制、减弱, 但这并不意味着它们会彼此抵消, 不像化学里的中和反应，混合成没有味道的液体。它们在酒液里还都同时存在，只不过是受到彼此的影响，减弱了味觉感受。比如往含糖的饮料里加柠檬酸，糖的含量并没有变，但因为酸的存在，饮料喝起来就不会那么甜了。在品尝甜型葡萄酒时，因为甜味的作用，酸味很容易被忽略，只要我们轮番把注意力放在这两种味道上，就能感受到它们的存在，也可以感知它们的强度。同是干型的法国香槟（Champagne）与西班牙卡瓦（Cava）相比，喝起来好像都是不甜的，但事实上香槟的含糖量要比卡瓦多很多，这是因为香槟产区在比较凉爽的北方地区，酒里面有强劲的酸度，需要更多的糖来平衡和柔化。

糖也可以用来平衡苦味，但要比平衡酸味需要更大的含量。在平时喝茶或咖啡时，很多人就以加糖的方法来缓和苦味。糖并不会消除苦味，只是让苦味变得没有那么难以接受，只是对整体的味道进行了一种修饰。

　　糖对单宁带来的涩感也有缓和的作用，葡萄酒里的糖能延迟涩感出现的时间，也能削弱涩感的强度，而且糖的浓度越大这种效果越明显。同样会有甜味的酒精在适当的含量下也会对单宁的涩感有延迟和削弱的作用，但含量一旦过高则会增强余韵的粗糙感。很多气候炎热产区的红葡萄酒，酒精度数高，单宁也丰富，如果酒里的含糖量不够的话，酒的口感就会因为酒精和单宁的联合作用显得很粗糙。实际上，这样的红葡萄酒就算很难察觉出甜味，但实际上酿造时都有意保留了一定含量的残糖，以均衡酒精和单宁的粗糙口感，带来一些圆润柔美。

　　糖也可以减弱咸味，这个规律会烹饪的人都

知道。相反的是，适当的咸味会增强甜味。葡萄酒里盐的含量很小，主要是酒石酸氢钾，再有就是传统用蛋清澄清工艺中使用的食盐。当盐的含量很小时，可以增加葡萄酒的风味，而且会有清新的口感。而一旦高到葡萄酒出现咸味，葡萄酒的口感就会显得粗糙。

前面说的基本都是味道相互作用中的"消减效应"，除此之外还有"累加效应"。"累加效应"往往出现在那些负面的味道上，比如，涩感和苦味都会加强酸的感觉，让酸味表现得更强烈；酸味也会提高涩感；酸味会延缓苦味的出现，但会增强苦味在余味里的表现；咸味会加强酸味和苦味，加强粗糙的口感。

以上提到的各种味道的相互作用表现，是味觉均衡的基础，不但能以此理解葡萄酒均衡的概念，还能以此理解其他食品和饮品的味道均衡的道理。其中的关键是甜味与酸味、甜味与苦味，以及甜味、酸味加苦味的抗衡作用。涩感虽然与苦味有所区别，但它们经常相伴出现，而且在与其他味道的作用上有相同的共性，所以讨论时两者基本可以互相代替。

接下来再说说酒精在葡萄酒味觉均衡中的作用。酒精与糖都是葡萄酒甜味的来源，在干型酒中，与酸味抗衡的甜味全部来源自酒精。特别是干白葡萄酒，其均衡的主要因素就是酒精度与酸度的对抗。不过，酒精不仅仅有对抗酸度的作用，酒精对葡萄酒风味的影响还非常多元。首先，酒精的圆润感可以对抗浓烈、粗糙感；其次，酒精可以加强酒体，增加重量感；再有，当酒精度数到一定程度时，会产生灼热感、刺激感，这又与酒精自身的甜润感相抵触。在葡萄酒中，除了甜味与酸味要达到均衡之外，同是甜味元素的酒精和糖分之间也要达到均衡。当葡萄酒中糖的含量越大时，酒中也必须含有更多的酒精，酒精能以温热感、酒感来均衡糖造成的甜味的单调与刻板。简单总结一下酒精在葡萄酒均衡中的作用：一是能对抗葡萄酒里的酸度，酒精度数高的酒也能容纳更高的酸；二是能平衡单宁的涩感，延缓和减弱单宁的作用；三是能丰富糖的甜味，改善甜味的单调。正是因为酒精在葡萄酒的均衡中有如此之多的作用，所以在发酵酒中葡萄酒的酒精度数是相对较高的，这与葡萄酒中含有大量的酸和单宁有关，如果没有丰富的酒精成分对抗，葡萄酒就无法构成均衡的口感。从以上的描述似乎可以看出，酒精度偏高有助于葡萄酒的均衡，但酒精度并不是衡量葡萄酒品质的一项指标，因为酒精在葡萄酒中的作用不在于本身的风味，酒感过强、酒味过大对葡萄酒来说也是一种失衡。

味觉的均衡还要结合香气的表现来考量，浓郁饱满的香气能弥补味觉结构方面的缺陷。特别那些芳香型的葡萄品种酿造的酒，单单从味觉结构来说难以称得上均衡，然而一旦把香气纳入均衡的因素，这些酒就能展现出浑然天成的和谐感。

葡萄酒的香气成分之间也要构成均衡关系，不过相对于味觉的互动规律，我们对各种气味之间的相互作用还知之甚少。气味之间有累加、协同和遮掩三种关系，但深入了解这些关系对品尝葡萄酒意义不大，因为只要没有缺陷的气味存在，气味之间的此消彼长或者互相促进对葡萄酒的品尝都没有本质的影响。

香气在葡萄酒均衡中的作用，更重要的是体现在与味觉成分的均衡上。在品尝葡萄酒时，味觉感受和嗅觉感受会互相影响。比如，即使糖、酸和酒精的含量、比例都相同的酒，香气浅薄的酒口感也会显得干瘦。再有，葡萄酒的含糖量太高，就会减弱酒中香气的强度，虽然糖本身并没有气味，但对同一溶液中其他物质的气味却有一定的遮掩作用。的确，葡萄酒液中的大分子成分对香气物质有遮掩作用，这更明显地体现在单宁与果香的关系上——单宁会抑制果香的表现。如果用同一批葡萄果实酿造不同单宁含量的酒，我们会发现那些浸皮程度小、单宁含量少的葡萄酒果香最为明快浓郁；而浸皮程度大、单宁含量多的葡萄酒果香则会较为沉滞内敛。

葡萄酒里的各种味觉和嗅觉成分能够美妙地结合在一起，构成一个和谐的整体，这是自然与人类的共同创造，那种企图完全依靠人工提升葡萄酒品质的做法只能是徒劳的。不过，在自然赋予了人类完美的葡萄果实之后，酿造过程中如何对各种味觉和嗅觉构成进行取舍、扬抑，则是人类智慧的体现。此时，酿造的科学技术只是手段，葡萄酒的均衡才是追求的目标，然而均衡的标准并非一成不变，而且难以用技术指标确立。

什么是均衡的葡萄酒，可能不仅是酿酒学，也是哲学中的一个问题。

- 餐酒搭配的艺术 -

"人生在世，吃喝二字"，吃与喝是生存的需要，也是享受人生的需要。孔子说过"食不厌精"，虽然指的是祭祀时要用精细的食物贡神，但是对神如此，条件允许时对人不也应该如此吗？要享受美好的人生，就一定少不了享受佳肴和品尝美酒。搭配食物的酒，被称为菜肴的"终极调味料"，佳肴与美酒一旦完美组合，互相激发出最佳的风味，味蕾就会得到极致的感官享受，带来单独享用菜肴或美酒所不能及的体验，两者能达到一加一大于二的效果。

很多人认为葡萄酒与食物的搭配深奥难懂，其实并非如此，只要我们稍加在意，自然就能掌握其中的奥妙。日常生活中我们都懂得很多食物和饮品搭配的道理和规律，比如吃饼干配牛奶，吃油条配豆浆或者喝啤酒配炸鸡、喝红茶配糕点。我们本来都是食物和饮品搭配的行家里手，只要把相关的经验和注意力延伸到食物和葡萄酒领域就可以更充分享受饮食之乐了。

　　在餐酒搭配这个领域，存在着无限的可能，如今菜品极其丰富，酒款也多种多样，两者之间能组合出很多出乎意料的搭配；而且，人们对各种味道感受的敏感度不同，一个人觉得很酸的，另外一个人感觉可能就是刚刚好；再有，人的口味偏好千差万别，一个人觉得是完美搭配，另一个人可能只感觉是个平平淡淡的组合。我们这章节要讲述的，将要暂时抛开比较个性的口味习惯，向大家提示餐酒搭配中一些基本的原则，不可能涵盖全面，也不一定适合所有人，只能给大家一点启发，让大家在日常生活中摸索寻找属于自己的完美的餐酒搭配。或许，完美的餐酒搭配根本就不存在，但这摸索寻找的过程本身就是一场美妙的体验。

·食物与葡萄酒互相影响的因素

人的味觉具有适应性，食物入口之后味蕾会慢慢适应其味道，因而会改变"无味"这一感知的平衡点，会对下一口食物的味道感受产生影响，要么加强，要么减弱。比如，喝了甜的饮料之后再吃水果会感觉比平时更酸，而喝了酸的饮料之后再吃水果则会感觉不怎么酸。此外，还有些黏稠、附着力强的食物会降低味蕾的敏感度，比如巧克力、蛋黄等。

1. 甜度的影响。食物中的甜度能让葡萄酒中的酸度、酒精感和苦涩感加强；能让酒本身的甜度感觉、果香和饱满度减轻。食物中甜度会让干型的葡萄酒口感更干、更酸。搭配甜的食物时，最基本的原则是选用比食物更甜的葡萄酒。

2. 酸度的影响。食物中的酸度会加强葡萄酒的甜度、果香和饱满度；能让酒本身的酸度感减轻。搭配酸的食物时，基本的原则是选择更酸的葡萄酒，否则食物的酸度会造成酒中的酸度失衡，让酒的口味变得沉闷。如果与葡萄酒搭配的菜肴使用醋来调味，那么应该是醋加入之后又经过加热烹饪的才好，这样大部分醋都已经挥发出去，只留下比较柔和的酸味，菜和酒才可能和谐搭配。如果是直接大量加入菜品后未经加热烹饪的，比如西餐中沙拉中的醋和北方凉拌菜中的醋，又浓烈又刺激，酸味在口腔中将占主导地位，会压过其他一切味道，简直就是葡萄酒的杀手，很难找到适合的酒与之相配。

3. 苦味的影响。食物与葡萄酒中的苦味是可以互相叠加的，食物中的苦味让不苦的酒变苦，让苦的酒更苦。食物中有适当的苦味可以丰富口感，酒中适当的苦味也可以增加风味，但两者的苦味叠加产生的效果则不一定让人愉悦。搭配带有苦味的食物时，基本的原则是选择没有苦味或苦味较低的葡萄酒，比如白葡萄酒和单宁轻柔的红葡萄酒。

4. 辛辣的影响。食物的辛辣会加强葡萄酒中酸、涩和酒精灼热感；会降低酒的浓郁度、甜度和香气。人们对辛辣的敏感度和正负效应认识差异极大，同样的强度，对有些人来说可能反应平淡，有些人可能感觉非常愉悦，另一部分人可能感觉痛苦异常。因此，搭配辛辣的食物时，嗜辣者可以选择酒精度高的酒，强化对口腔的刺激；惧辣者可以选择甜的、果香浓郁的酒，以压制食物的辛辣感。

5. 咸味的影响。食物中的咸味可以增加葡萄酒的饱满度；可以降低葡萄酒中酸、涩的感觉。食物中的咸味对葡萄酒的风味基本没有负面影响，非常容易与葡萄酒搭配，甚至在食物中其他味道成分与葡萄酒的风味不协调时，都可以用增加咸味的办法来平衡。食物中的咸味有提鲜的作用，也可以平衡鲜味对葡萄酒的负面影响。咸味与甜味的搭配也能让人产生愉悦感，比如贵腐酒搭配蓝纹奶酪，就是一个经典的甜咸搭配组合。

6. 鲜味的影响。食物中的鲜味可以增加葡萄酒的苦涩感、酸度和酒精的灼热感；会降低酒的饱满度、甜度和果香。鲜味丰富的食物单独品尝非常美味，但在没有咸味的平衡下，与葡萄酒搭配却比较困难，因为鲜味会强化单宁的苦涩感，让葡萄酒变得粗糙生硬。搭配鲜味丰富的食物时，基本原则是尽量避开单宁，选择白葡萄酒或轻柔的红葡萄酒。

7. 风味强度的影响。一般来说，食物与葡萄酒的风味强度应该相平衡。如果一道香气浓重而丰富的菜肴配上一款平淡简单的葡萄酒效果就不会太好；相反浓郁复杂的葡萄酒配上一道寡淡无味的菜肴也会不那么搭调。不过，有些风味浓重的食物，比如咸的、辛辣的和油腻的，我们反而会想用清爽简单的葡萄酒搭配，这是为了解腻、解渴，给口腔带来清爽舒适的感觉。

· 餐酒搭配的传统方法

1. 本地美食配本地酒。这句关于餐酒搭配流传已久的说法有其必然的道理，但对它应该灵活地看待和认识，不能教条化。如果将这句话改为"某地风味的美食配当地风味的美酒"可能会更准确，这句话的本义还是指要寻找餐与酒在风味上的搭配，而不是表面上产区的搭配。那些有着悠久的葡萄酒酿造历史的地区，厨师会尽量烹饪适合当地葡萄酒的菜肴；酿酒师也会尽量酿造适合当地菜肴的葡萄酒；当地葡萄品种和工艺的选择也一定趋向于适合当地的饮食习惯，同一地区的餐与酒必然是向着越来越搭配和谐的方向演变。对这些传统葡萄酒产区来说"本地美酒配本地美食"并没有错，不过也一定得是当地传统典型的美食和美酒，否则食物和酒类越来越多样交融的今天，人们面对选择还是无所适从。还有，一些美食丰富的地区却不生产葡萄酒，比如中国的广东，如果照搬这个教条粤菜就不能搭配葡萄酒了，而事实上粤菜中有非常多适合搭配葡萄酒的菜品。食物与葡萄酒的搭配，重要的一个标准是两者的风味相近或形成对比。比如有矿物质的生蚝搭配有矿物质味的夏布利（Chablis）；有香料味的烤肉搭配有香料味的西拉（Syrah）。不过，除了风味搭配，葡萄酒的甜、酸、单宁、酒精与食物中的油、盐、酸、甜等结构成分的搭配更为重要，这是风味搭配成功的前提保证，如果搭配失败，其他便无从谈起。

2.红葡萄酒配红肉，白葡萄酒配白肉。这是流传最为广泛的餐酒搭配原则，简单易懂，照此操作能够避免出现大的纰漏，但也可能会错过美好的组合。红葡萄酒搭配红肉是恰当的组合，其原因是红肉烹饪的菜肴中的咸度可以柔化红葡萄酒中的单宁，让酒的口感得变得柔和顺滑。以前广为流传的观点认为，是红肉中的蛋白质与单宁反应而导致这样的结果，这样的观点是不恰当的，肉中的蛋白质与单宁反应的作用非常微弱，还是咸度起到了主要作用。同样的道理，鱼肉与红葡萄酒搭配容易出现问题，也不是蛋白质与单宁反应的作用，而是鱼肉中的碘与红葡萄酒中的单宁作用让酒变得苦涩，产生令人难以接受的金属味，所以最保险的做法是用没有单宁的白葡萄酒来搭配鱼肉。但碘与单宁产生的负面作用可以用菜肴中的咸和酸来抵消，如果烹饪鱼肉时使用了咸味的酱汁或配菜，红葡萄酒则可以搭配鱼肉。"红酒配红肉，白酒配白肉"只是最保守的法则，我们在餐桌上完全可以将其打破。

· 红葡萄酒的餐酒搭配

红葡萄酒比白葡萄酒丰厚饱满，因此可以搭配口味浓郁的菜肴。红葡萄酒里的单宁可以柔化肉类的纤维，让肉质松嫩可口；肉类菜肴里的咸度等丰富的味道成分又可以软化单宁，减轻红酒的涩感。红葡萄酒与牛肉、羊肉等红肉搭配是天作之合；与鸡、鸭等禽类白肉也能和谐共处。

具体的搭配应该以红葡萄酒的单宁多寡和品质高低为标准来选择与之相适应的菜肴。年轻的单宁明显的红酒，或者陈年后单宁尚未成熟的红酒，可以搭配牛扒、烤肉、红烧肉、回锅肉等调味料较重、肉质厚实的肉类。高单宁的葡萄酒也适合高油脂、高盐的菜肴，包括肉类和蔬菜。其中波尔多（Bordeaux）混酿或美国纳帕谷（Napa Valley）、澳大利亚库纳瓦拉（Coonawarra）的赤霞珠（Cabernet Sauvignon）一直被视为牛排的经典搭档。对中餐里的烤肉、烤蔬菜或北方口味较重的炖菜来说也是好的佐餐饮品。高单宁的红葡萄酒要避免和鱼类、辛辣的菜肴搭配。

单宁少的清淡型红葡萄酒，或者陈年后单宁已经柔化的红葡萄酒，可以搭配手抓羊肉、烧鹅、烧乳鸽等味道含蓄、肉质细嫩的肉类。

至于那些陈年之后已经发展出丰富的窖藏香气、单宁细致柔和的大酒，搭配肉质细嫩、香气温和的红肉最好，但要避免使用气味强烈的过甜、过酸或过咸的酱汁，避免使用葱、蒜或薄荷等刺激性的调味料。简单烹饪的高品质红肉的香气可以陪衬和烘托大酒细致优雅的香气，又不会有过多的甜、酸和咸等味道成分干扰大酒的结构，这时食物应该退居次位，用来陪衬酒这个主角。

·白葡萄酒的餐酒搭配

白葡萄酒配餐的适应范围比红葡萄酒要宽广许多，毫不夸张地说，任何菜肴都可以找到一款能与之搭配的白葡萄酒。很多可以搭配白葡萄酒的菜肴不能搭配红葡萄酒，其中有些会产生让味蕾饱受摧残的异味；但几乎所有可以搭配红葡萄酒的菜肴都可以搭配白葡萄酒，即使最坏的结果也只是可能让一款优秀白葡萄酒的品质受到淹没，品尝起来混同于廉价的酒，而不会对口味产生毁灭性的影响。如果吃菜式多样的中餐，就餐时只能准备一瓶葡萄酒的话，白葡萄酒是最好的选择。

白葡萄酒在餐桌上的地位一直被很多人轻视，红葡萄酒才被认为是葡萄酒中的典范和代表，这是复杂的原因形成的偏见，实际上白葡萄酒应该在餐桌上占有主要的、大过红葡萄酒的地位。第一，白葡萄酒中几乎不含单宁，单宁是红葡萄酒不可或缺的重要结构成分，但也是餐酒搭配时最大的障碍，单宁越轻的葡萄酒适应范围越宽；第二，白葡萄酒大多果香新鲜，酸度高，入口之后生津止渴，可以解腻、解咸，适合佐餐。第三，白葡萄酒中的残糖、酒精和甘油的作用比红葡萄酒更容易显现出来，很多具有甜润感，佐餐饮用比较讨喜。第四，白葡萄酒都是在较低的温度下饮用，冰爽的口感适合佐餐。

虽然白葡萄酒配餐的适应范围宽广，但最适宜的还是搭配海鲜。白葡萄酒可以缓解海鲜的咸味和腥味，而海鲜的咸味又可以加强白葡萄酒的风味表现。特别是生蚝、清蒸鱼、白灼海虾等原汁原味的海鲜菜肴，除了清爽的干白葡萄酒似乎很难找到更适合搭配的酒了。

　　那些虽然也是干型，但因为酒精和甘油而产生甜润感的白葡萄酒，往往酒精度数高，酸度低，则可以搭配用葱、蒜等作料烹饪的海鲜，比如姜葱炒蟹、韭菜炒鱿鱼等。

　　经过橡木桶培养的白葡萄酒，特别是以霞多丽为代表的，口感丰腴饱满，酸度均衡，结构强劲，除了果香之外还有橡木带来的香草、奶油、烤面包味。这类白葡萄酒适合搭配同样滋味华丽浓郁的海鲜，比如芝士焗龙虾等这类用了芝士或奶油配料、酱汁的菜肴。那些橡木的香气特别突出、口感粗糙的霞多丽，单独饮用时会感到失衡，但如果用来搭配辛辣或香料浓郁的菜肴却可能大放异彩，比如麻辣小龙虾、成都火锅，都可以尝试用一瓶冰凉的、价格实在的白葡萄酒佐餐。不过，所有橡木味明显的白葡萄酒都不适合搭配清蒸鱼这类清淡的菜肴，一是香气上有冲突，二是橡木带来的少量单宁成分也会起到红葡萄酒搭配海鲜一样的负面效果。

还有一类以花香和果香为明显特征的白葡萄酒，如琼瑶浆（Gewurztraminer）、莫斯卡托 (Moscato)，口感圆润，酸度低，有干型也有甜型，无论哪种都是百搭酒款。虽然这类酒搭配普通的菜肴很难产生惊喜，但也不会有大的偏差。用这类酒来搭配那些本来很难配酒的菜肴，如又酸又辣的朝鲜族风味（韩式料理）或用了大量茴香、胡椒等香料的东北菜、烧烤等，却会有出乎意料的效果。

甜的白葡萄酒，无论是半甜、甜，还是贵腐酒那种超甜的，适合搭配厚重饱满、滋味丰富的菜肴，特别是酸甜口味的最好，比如糖醋排骨、菠萝咕噜肉等。甜酒可以解咸、解辣，所以甜的白葡萄酒也可以搭配辣的湘菜、川菜等。至于广为流传的西式搭配，如贵腐酒配肥鹅肝，超甜酒配蓝纹奶酪，有机会都值得尝试。甜酒配餐的原则就是寻找口味强劲刺激的菜肴，发挥甜度与其抗衡的能力，以获得饱满柔顺的口感，这才是甜白葡萄酒独一无二的优势。甜的白葡萄酒如果用来搭配口味精巧精致的菜肴，浓郁的香气会盖过菜肴的味道，甜度太高喝多几口也会让人腻歪，反而不是个好的搭配。

·桃红葡萄酒的餐酒搭配

认为菜肴适合搭配红葡萄酒，但又想喝冰凉清新的酒时，可以选择桃红葡萄酒；认为菜肴适合搭配白葡萄酒，但又想喝力度稍大的酒时，也可以选择桃红葡萄酒；当然，如果不知道应该选择白葡萄酒还是红葡萄酒，在两者之间纠结不定时，更应该选择桃红葡萄酒。桃红葡萄酒几乎与什么菜肴都可以搭配，如果非要为桃红葡萄酒找出一个最佳搭配的话，可能不是食物，而是炎热晴朗的天气或温馨浪漫的气氛。

·香槟的餐酒搭配

香槟几乎可以搭配任何菜肴，如果赴宴的时候不知道会有什么菜式，带一瓶香槟去肯定是没错的；或者海、陆、空齐全的大餐，不知道配什么酒的时候，选择香槟也是没错的。

首先，香槟是在白葡萄酒的基础上经过瓶中二次发酵酿造的，因为是以白葡萄酒为基础，所以香槟酸度高，口感清爽，可以搭配鱼、虾、贝类等海鲜。其次，香槟的气泡提供了强有力的结构感，面对酸的、辣的等比较难处理的菜肴，其本身的香气也不会被掩盖。另外，香槟中有白葡萄酒品种混合红葡萄品种酿造的白中黑（Blanc de noirs），香气浓郁，结构有力，可以搭配肉类菜肴。还有，香槟经过瓶中二次发酵和瓶储培养后，除了果香之外，还会产生酵母、干果和面包等丰富的香气，可以搭配香气浓郁的菜肴。此外，虽然大部分香槟是干型的喝起来不甜，但香槟在二次发酵完成后去酒渣时会加一点糖，都有一定的糖分，口感圆润，所以可以搭配水果、糕点和加了奶油、番茄酱汁的带甜味的菜肴。

香槟配餐的适合范围特别宽，用途特别广，既可以当餐前的开胃酒，也可以配餐后的甜点。白中白（blanc de blancs）香槟和鱼子酱、生蚝都是非常经典的搭配；白中黑（Blanc de noirs）香槟适合搭配糕点、鸡肉、寿司等；桃红香槟则可以搭配羊肉、猪肉和火腿等肉类。除了名贵的食材，香槟和日常生活中很平常的食品也能产生奇妙的组合。比如在家中看电影时用香槟搭配有奶油味的爆米花，香气协调，口感丰富，是非常美好的享受。香槟解腻的效果很好，很适合搭配油炸食品，比如炸鸡、薯条、薯片等。如果打包麦当劳或者肯德基的食品回家吃，开一瓶酩悦香槟来佐餐也是不错的，可以把平凡的快餐变成美味的盛宴。

另外，香槟在人们心目中往往都代表着喜庆，经常被用在重要的仪式上，往往一开香槟就意味着好事的到来，心情就自然愉悦起来。所以，就算在日常的饮用中，香槟还是会给人这样的心理暗示，美酒并非是佐餐的，而是陪伴心情的，在这样的情形之下，搭配什么菜肴都会成为人间美味。

— 人酒搭配 —

"葡萄酒不是一个人喝的酒"，无数的作家都写过这样的话，但给出的理由各不相同。其中让我最不认可的，是说葡萄酒开瓶之后一次就要喝完，否则口味就会变差，但一个人一次很难喝完750毫升一瓶的酒，所以葡萄酒要与人分享。这个理由看起来也不无道理，比如啤酒可以自己在家看球赛转播时喝上几瓶，威士忌等烈酒可以一个人安安静静地喝上一两杯，剩下的可以塞上瓶塞继续保存，很长时间内不用担心品质变坏，从这一点上来看，葡萄酒确实适合与人分享。但是，如果只是这个原因，葡萄酒完全可以做成适合一个人饮用、容量更小的包装，以免除寻找酒伴的烦恼。要知道，好酒难得，好酒伴更是难得。其实，葡萄酒适合分享，还是因为它具有多变的口味、复杂的体系以及丰富的历史文化内涵。分享葡萄酒时，酒友之间可以谈论的话题更多，可以交流的信息更丰富。而且，葡萄酒是有生命的，每一瓶都不完全相同，要做到完美的交流，必须同时喝同一瓶酒。何况，葡萄酒最大的作用还是人类灵魂的安慰剂，安慰灵魂时，大多数人都希望有一位朋友相伴吧。对我来说，每当得到一瓶好酒时，首先就会想这瓶酒适合跟哪个朋友一起喝；反过来，每当遇到一位谈得来的朋友时，我就会想下次应该跟他一起喝什么酒。葡萄酒和菜肴的搭配艺术让很多人着迷，那葡萄酒和酒伴的搭配艺术更有无穷的魅力。葡萄酒在与酒伴搭配时，体现的不仅是感官的享受，也会成为友谊的润滑剂、爱情的催化剂。不同的酒伴需要不同的酒，为酒找人和为人找酒，都是一种幸福的体验。

"看人下菜碟"出自《红楼梦》第六十回："我家里下三等奴才也比你高贵些的，你都会看人下菜碟儿。宝玉要给东西，你拦在头里，莫不是要了你的了？拿这个哄他，你只当他不认得呢！"字面是指招待不同的客人上不同的菜，引申意义为不能一视同仁，待人因人而异，根据不同的人给予不同的待遇。这话往不好了理解是贬义的，说人势利；

往好了理解是褒义的,给予每个人最适合的需求。葡萄酒跟菜一个道理,也得"看人开酒瓶",什么样的人,喝什么样的葡萄酒。一个人喜欢什么样的葡萄酒,跟他的经济条件、社会经历、身份地位等一定有关系;甚至跟他平时喜欢看什么电影、读什么书、听什么音乐都有关。对葡萄酒的口味要求,跟饮酒者的个性息息相关;而同一瓶酒对不同的饮酒者来说,其味觉感受和精神意义也不尽相同。

顶级的、备受专家好评的酒并不一定适合所有人。就跟电影一样,很多艺术性极强的电影往往让许多观众打不起精神,在影院里昏昏欲睡,票房自然不高;而那些感观刺激强烈的好莱坞商业大片或港产警匪片,却让很多观众兴趣盎然,票房屡创新高。艺术电影会引起思考,回味无穷,而商业电影完全是感观刺激,一阵热闹之后不会在头脑里留下什么。但是,忘记生活的沉重和深刻,时常肤浅地享受一番感观快乐又何尝不好呢? 顶级的葡萄酒, 层次丰富、变化多端和坚实耐久是重要的指标, 而不是简单易饮。宴请那些平时只喝淡啤酒的朋友时, 喝厚重的波亚克(Pauillac)顶级红葡萄酒, 可能对他们的味蕾反而是一种折磨, 主人多花了钱而得不到应有的好评, 很不划算。反过来, 宴请有丰富的葡萄酒饮用经历和兴趣的朋友时, 喝廉价寡淡的"圣母之乳(Liebfraumilch)"白葡萄酒, 就确实是怠慢了朋友, 也浪费了时光。

对于很少喝, 甚至从来没喝过葡萄酒的人来说, 给他们喝酒精度低、带点甜味的气泡酒是最好的选择, 一般都不会被拒绝。比如莫斯卡托(Moscato)气泡酒, 很多产区都有出产, 但意大利的阿斯蒂最为出名(Moscato d' Asti)。著名美食家蔡澜先生也对这种酒推崇备至。在他的《那些忘不了的人间美味》(广东旅游出版社, 2013 年

8 月出版）中写道：

"当人生进入另一个阶段，已不能像年轻时喝得那么凶，汽酒，似乎是一个很好的选择。香槟固佳，但就算最好的 Krug 或 Dom Perignon，那种酸性也不是人人接受得了。

当今我吃西餐时，爱喝一种专家认为不入流的汽酒，那就是意大利阿士提 Asti 地区的玛丝嘉桃（Moscato）了。

Moscato 又叫 Muscat、Muscadei 和 Moscatel，是一种极甜的白葡萄，酿出来的酒精成分虽不高，通常在五六度左右，但是充满花香，带着微甜，百喝不厌。

年份佳的香槟愈藏愈有价值，但玛丝嘉桃是喝新鲜的，若不在停止发酵时加酒精，最多也只能保存五年，所以专家们歧视，价钱也卖不高。

通常当作饭后酒喝，我却是一餐西餐，从头喝到尾。第一，我不欣赏红白餐酒的酸性，除非是陈年佳酿，喝不下去，一见什么加州餐酒，即逃之夭夭。

啤酒喝了频上洗手间，烈酒则只能浅尝，玛丝嘉桃可以一直陪着我，喝上一瓶也只是微醺，是个良伴。

女士们一喝上瘾，但也不可轻视，还是会醉人，我通常会事先警告她们。

近来和查先生吃饭，老人家也爱上了这种酒，虽有汽，但不会像香槟那么多，喝了也不会打嗝。"

同样的汽泡酒还有意大利的普罗塞克（Prosecco）和兰布鲁斯科（Lambrusco）、西班牙的卡瓦（Cava）等，虽然也有价值不菲的酒款，但大多质优价廉。喝这些酒时，比起高谈阔论哲学和艺术话题，更适合谈论家长里短和明星八卦。像喝饮料一般容易入口是其重要的特征，就像含有酒精的可乐或者雪碧，但又更有趣味和味道。如果宴会上准备一些这样的汽泡酒，谁又会去喝可乐和雪碧呢。这样的酒最适合刚刚从啤酒过渡到葡萄酒，或者从不饮酒过渡到开始饮酒的人。

对于葡萄酒的老饕，可选择的葡萄酒范围就非常广了。但与其选择名声很大、价格昂贵的酒，不如仔细挑选风格独特的、不知名小酒庄的葡萄酒，既能显示自己独到的口味，也能给朋友带来新鲜的体验。不过，选择独特的酒确实比选择名酒要难很多，往往需要更多的时间、经验，甚至运气，因而也会更让对方刮目相看。

选择什么样的葡萄酒和酒伴性别有关。不过这一点对男酒伴来说就简单一点，如果你本身是男性，请男酒伴喝酒时，除非本身取向有所特殊，只要不选择过于浪漫的桃红酒和甜润的汽泡酒，基本上就不会出什么问题。

男人请女人喝酒，其中的学问就很多了，而且也有很大的发挥空间, 乐趣无穷。

请女人喝酒, 最保险的选择就是香槟了。对普通关系的女性能表达足够的敬意, 对亲密关系的女性能表达充分的爱意。既可以正式得有点严肃, 也可以浪漫得非常暧昧, 无论如何都会让女人有受尊重或被宠爱的感觉。不过, 香槟一般来说都是价格不菲的, 经常喝钱包负担太大。另外, 香槟往往是干型的多, 酸度又比较大, 并不是所有人都接受得了。因此, 请阅历丰富、口味高雅的熟女时, 最适合喝香槟; 而请天真烂漫、涉世不深的年轻女性时, 用简单、有甜味、果香新鲜而且价钱也相对便宜的汽泡酒代替, 不失为更经济也更适合对方口味的选择。

喝什么酒, 就能表达什么样的心意。跟想分手的女朋友喝一瓶马第宏 (Madiran) 产区的马尔贝克，紧涩的单宁会让对方知难而退。跟追求的结婚对象喝一瓶苏玳（Sauterne）的贵腐甜酒，会给对方跟你在一起生活会很甜蜜的心理暗示。跟不好开口的暗恋对象喝一瓶普罗旺斯（Provence）的桃红，你的心意对方一定能够心领神会。

想讨好上司或客户，众所周知的高价名牌酒是首选。对方可能喝不懂这款酒，但却知道你花了多少钱，这是用金钱表达尊重的好办法。当然，如果对方也是懂酒之人，开一瓶同样名贵，但不是那么众所周知的酒，就显得不那么俗气，而且显得更为用心。

说了这么多，但无论是宴请还是馈赠，为朋友选酒时我们也没必要过于拘谨。相对于人，葡萄酒并没有那么重要，与人分享的美好重点在于人，而不在于酒。葡萄酒只是人与人产生关系、跨过陌生界线的桥梁，最终的结果还得看人与人之间的情感能否建立愉悦而畅快的呼应与联结。

不过，无论怎么说，或许你的酒柜里还会有一瓶酒不知道与谁共饮……

❶ 后记——喝得少，喝得好

如今的人们讲究生活品质，喜欢吃、喜欢喝，追求饮食的享乐已经不再是一件羞于启齿的事。葡萄酒已经开始融入我们的生活，成为一部分人群的生活必需品。因此，懂得葡萄酒，享用葡萄酒就成为享受生活的一部分。相对于食物，大多数人对葡萄酒了解得很少，毕竟葡萄酒来自西方，是西方文明世界里不可或缺的一环，但对大多数中国人来说还算是一个新鲜事物。因此学会喝葡萄酒，学会享用葡萄酒是追求高品质生活的人必须要做的事情。本书从遇见葡萄酒开始，讲述了葡萄酒的基本概念和特征；再到认识葡萄酒，讲解了葡萄酒的品质标准及相关因素；然后从侍酒到品尝，对葡萄酒的品鉴方法进行了详细的描述，对其中的原理也进行了一定深度的讲解；最后一部分对与葡萄酒密切相关的、容易被读者误解的一些问题进行了比较深入的介绍，主要目的是让读者对葡萄酒加深认识和理解，能更好地享受葡萄酒带来的乐趣。读完这些，相信大家已经对葡萄酒品鉴的技术有所掌握，对葡萄酒品鉴的观念也能有所认识，但除此之外，这一章节作为本书的最后结尾，还要表明作者一向推崇的观点，那就是"喝得少，喝得好"。

随着人们生活水平的普遍提升和社会交往频率的增加，人际关系越来越复杂的同时饮酒量也不断增加。有研究显示，不管是在中国还是在西方国家，越来越多的人选择将饮酒作为人际交流和沟通的手段，用以拉近相互间的距离。在另一项国内调查资料中显示，在我国，大约有超过一半的人饮酒，成年男性中饮酒者的构成比超过 70%，成年女性中饮酒者的构成比也不断升高。但是另一方面，关于过量饮酒导致各种疾病的不良事件时有发生。过量饮酒对人体健康危害的研究结论已经得到国内外大量研究的证实。大量试验和研究报道均证实过量饮酒对人体各个系统均可造成严重的危害，不仅可影响组织结构和器官功能，甚至也会增加几乎所有类型癌症的发生风险和死亡风险，还会引发暴力事件、交通事故，甚至死亡。因此嗜好饮酒者必须加以重视，适量控制饮酒频率和饮酒量，必要时应当听从临床医生的建议彻底戒酒，才能保证自身的健康。

酒精是非常容易成瘾的"精神药品"，其程度甚至比很多我们耳熟能详的毒品还要强烈。长期大量饮酒的人可能会对酒精产生心理上与生理上的双重依赖。为避免停饮之后的不适，酒精依赖者不得不反复饮酒。时间越长，身体对酒精耐受性越大；表面上看酒量越来越大，实则对身体的危害越来越深。然而现实中最大的问题是很多饮酒者不正视对酒精的依赖，认为自己不可能是酒精依赖者，酒精依赖是离自己很远的一个问题，其实很多长期饮酒的人或多或少都有一点酒精依赖的状况，只是程度轻重不同而已。关于酒精依赖对人体健康危害的相关研究有很多，在生活中此种事例也不胜枚举。酒精依赖不但可导致身体疾病，更可能导致健忘、幻觉、意识障碍等精神问题。酒精依赖者的抑郁症患病率、自杀率都高于一般人群。历史上很多艺术家、文学家都是酒精依赖者，比如莫泊桑、海明威、莫奈、高更、毕加索和凡·高等，其中有些人就是因为长期的酒精依赖导致酒精中毒而结束了一生。凡·高割掉自己左耳和企图自杀的事件，都与饮酒引发的精神异常有关。由此可知，酒精依赖对机体产生的危害较为严重，甚至可能导致精神障碍、意识和认知障碍等情况，也有部分人由于无法承受酒精依赖的后果产生自杀的念头，说明酒精依赖对人体健康和生命安全的危害性较大，同时也间接说明尽量减少饮酒量甚至戒酒对保持人体健康具有至关重要的作用。

　　葡萄酒是一把双刃剑，可以带来快乐，也可以影响健康；能彰显智慧，也能扭曲人性。虽然饮用葡萄酒的人相比饮用烈酒的人较少发生滥用的现象，但在葡萄酒的饮用人群中也还是要强调节制饮酒。当一个人用餐时，胃里容纳不下食物，自然会放下手中的筷子；但当一个人喝多时，就算已经神志不清，也不一定会主动放下酒杯。吃饭，可以用身体调节；喝酒，必须用思想控制。人们饮酒是为了追求快乐，如果喝得昏天黑地，精神萎靡还有什么快乐可言。想得到精神的快乐，就不能把身体喝难受了。喝得少，就是要有分寸；喝得好，就是要有品位。经常喝品质良好的葡萄酒，慢品细酌，才能让人久久回味。品质优良的葡萄酒会有更多美妙的风味特征吸引饮酒者仔细聆听它的讲述，会让饮酒者认识到品酒的精髓，以更节制、更文明的方式饮酒。

文艺作品中对豪饮的盛赞从未停歇，生活中对狂饮的欢呼也从未消失，事实上，学会如何节制饮酒现在仍然是非常需要重视的问题。柏拉图（Plato）在《会饮篇》里说过："饮酒就是要喝了之后觉得开心才行，一定要在喝醉之前停下来。"